云南电网有限责任公司技能实操系列

配电线路运检

云南电网有限责任公司　编

中国电力出版社
CHINA ELECTRIC POWER PRESS

内 容 提 要

为全面落实员工能力提升工程，加快高素质技能人才队伍培养，为公司创建“两精两优、国际一流”电网企业提供坚实的人才支持，云南电网有限责任公司组织开发了首批云南电网技能实操系列培训教材。本系列教材首批开发了装表接电、计量接线、配电线路运检、抄表核算收费等四个分册。

本册为《云南电网技能实操系列培训教材　配电线路运检》分册，内容按配网巡视、设备安装、配电专业技能三个模块编写。其中配网巡视模块包括配电线路巡视，设备缺陷管理，配网故障的分析、查找与处理，测量与测试，配网电气操作 5 个单元；设备安装模块包含 10kV 跌落式熔断器安装、10kV 避雷器安装、10kV 变压器及 JP 柜安装、10kV 柱上开关安装 4 个单元；配电专业技能模块包含配电线路常用绳扣，金具、材料识别及组装，登杆、绝缘子及横担更换，拉线制作及安装，导线的钳压压接，导线更换及架设 6 个单元。

本书可供供电企业从事配电线路运检的生产技能人员参考使用。

图书在版编目（CIP）数据

配电线路运检/云南电网有限责任公司编．—北京：中国电力出版社，2018.7（2019.10重印）
云南电网技能实操系列培训教材
ISBN 978-7-5198-2260-6

Ⅰ．①配…　Ⅱ．①云…　Ⅲ．①配电线路－电力系统运行－技术培训－教材　②配电线路－检修－技术培训－教材　Ⅳ．①TM726

中国版本图书馆 CIP 数据核字（2018）第 156707 号

出版发行：中国电力出版社
地　　址：北京市东城区北京站西街 19 号（邮政编码 100005）
网　　址：http://www.cepp.sgcc.com.cn
责任编辑：王　南　闫姣姣（010-63412433）
责任校对：太兴华
装帧设计：张俊霞
责任印制：石　雷

印　　刷：三河市百盛印装有限公司
版　　次：2018 年 7 月第一版
印　　次：2019 年10月北京第二次印刷
开　　本：787 毫米×1092 毫米　16 开本
印　　张：9.25
字　　数：200 千字
印　　数：10001—11000 册
定　　价：35.00 元

为全面落实员工能力提升工程，加快高素质技能人才队伍培养，为公司创建“两精两优、国际一流”电网企业提供坚实的人才支持，云南电网有限责任公司组织系统内一批优秀的技能专家和培训师，结合配网生产、营销主要业务现状及简易实训场所建设使用工作，历时一年，开发了首批云南电网技能实操系列培训教材。

本系列教材依据国家现行相关电力法律法规，及中国南方电网有限责任公司、云南电网有限责任公司最新的相应专业规程规范，以岗位工作所需的专业技能和专业知识为核心，以作业指导书为纲，紧密联系生产实际，注重技能提升，理论实用，重点突出针对性和实用性。

目前，本系列教材首批开发了装表接电、计量接线、配电线路运检、抄表核算收费等四个分册。其中，装表接电、计量接线及抄表核算收费三个分册内容按专业知识与专业技能两个模块编写：专业知识模块对岗位工作所涉及的专业知识进行全面、详细、准确的论述；专业技能模块则在此基础上，以岗位工作内容为核心分单元编写，重点突出工作中技能操作的流程、方法、注意事项、常见设备故障分析处理等。 配电线路运检分册分为配网巡视、设备安装及配电专业技能三个模块，对配网运检的相关作业知识、流程、方法及相关技能做了详细说明及论述。

教材在每单元前对教学目的、教学重点、教学难点、教学内容进行了具体描述，对学员学习及培训师授课使用都有很好的指导作用。

本系列教材在编写过程中得到了公司生技部、市场部（农电部）、人资部，昆明、曲靖、红河、玉溪、大理、楚雄、普洱、西双版纳、文山、德宏、丽江供电局、文山电力股份有限公司、公司党校（培评中心）的大力支持和各位编写专家、评审专家的倾力付出，在此表示诚挚的谢意。

由于编写时间仓促，本套教材难免存在疏忽之处，恳请各位专家及读者提出宝贵意见，使之不断完善。

编者

2018.6

目 录

模块一

配网巡视

第一单元　配电线路巡视

教学目的：

通过培训熟悉配电线路巡视周期与巡视要求，掌握配电线路巡视的项目及运行标准，掌握在常规和特殊状况下的巡视知识。

教学重点：

掌握配电线路巡视的目的、要求，不同季节巡视的重点及巡视时的安全注意事项。掌握知识讲解、要点分析、图形示例，掌握独立巡视线路能力。

教学难点：

在配电线路巡视的检查中，要通过巡查内容的标准和规定进行具体排查，还要分清巡查工作的重点内容，以保证巡查工作的质量。

教学内容：

配电线路巡视计划编制；配电线路巡视的周期；配电线路巡视的要求；配电线路巡视的项目及运行标准；配电线路巡视注意事项及缺陷填报。

一、配电线路巡视方式

配电线路、设备及设施的巡视分为定期巡视、特殊巡视两类。

（1）定期巡视：由配电运行人员进行，以掌握线路的运行状况、沿线环境变化情况为目的，及时发现缺陷和威胁配网安全运行情况的巡视。

（2）特殊巡视：在有外力破坏可能、恶劣气候条件（如台风、暴雨、覆冰、高温等）、重要保供电任务、设备带缺陷运行或其他特殊情况下由配电运行部门组织对设备进行全部或部分巡视。包括夜间巡视（在高峰负荷或阴雾天气时进行，主要检查连接点有无过热现象，绝缘子表面有无闪络放电等的巡视）、监察性巡视（由管理人员组织进行的巡视工作，了解线路及设备运行状况，检查、指导巡视人员的工作）、保供电巡视、外力破坏巡视、防风防汛特巡等。

二、配电线路巡视周期

1. 定期巡视周期

中压配电线路、设备及设施的定期巡视周期参见表 1-1-1。低压线路巡视应结合中压线路巡视计划一并进行，低压线路定期巡视周期为每半年至少一次。重要线路和故障多发的线路每年至少进行一次监察巡视。

2. 差异化巡视周期

根据配电线路、设备差异化运维策略，可对线路、设备的定期巡视进行动态调整，调整后的巡视周期不得超过半年。

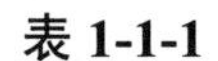

表 1-1-1　　配电线路、设备及设施的定期巡视

序号	巡　视　对　象	周　　期
1	架空线路、设备及通道	市区：一个月； 郊区及农村地区：一季度
2	电缆线路及电缆通道	一个月
3	配电站、开关站	市区：一个月； 郊区及农村地区：一季度
4	防雷与接地装置	与主设备相同
5	配电自动化终端、直流电源	与主设备相同

（1）根据设备重要性和健康度，形成设备风险矩阵，确定设备管控系数，见表 1-1-2。

表 1-1-2　　设 备 管 控 系 数

健康度 重要性	正常	注意	异常	严重
关键	1	1/2	1/4	紧急、 重大缺陷消缺
重要	2	1	1/2	
一般	4	2	1	

（2）设备管控系数与定期巡视周期结合，确定差异化运维巡视周期。市区线路及设备差异化运维周期见表 1-1-3，郊区及农村地区线路及设备差异化运维周期见表 1-1-4。

表 1-1-3　　市区线路及设备差异化运维周期

健康度 重要性	正常	注意	异常	严重
关键	1 次/1 月	2 次/1 月	4 次/1 月	紧急、 重大缺陷消缺
重要	1 次/2 月	1 次/1 月	2 次/1 月	
一般	1 次/4 月	1 次/2 月	1 次/1 月	

表 1-1-4　　郊区及农村地区线路及设备差异化运维周期

健康度 重要性	正常	注意	异常	严重
关键	1 次/3 月	2 次/3 月	4 次/3 月	紧急、 重大缺陷消缺
重要	1 次/6 月	1 次/3 月	2 次/3 月	
一般	1 次/6 月	1 次/6 月	1 次/3 月	

三、配电线路巡视内容

（一）导线的巡视检查

1．裸导线的巡视检查

（1）导线有无断股、烧伤，污秽地区导线有无腐蚀现象。

（2）各相弧垂是否一致，弧垂误差不得超过设计值的–5%或+10%，一般档距导线弧垂相差不应超过 50mm。

（3）接头有无变色、烧熔、锈蚀，铜铝导线连接是否使用过渡线夹（特别是低压中性线接头），并沟线夹弹簧垫圈是否齐全，螺母是否紧固。

（4）引流线对相邻相距离是否符合要求（最大摆动时，10kV 相间不小于 300mm；0.4kV 相间不小于 150mm）。

巡视检查中发现的裸导线断线和对地距离不足如图 1-1-1 所示。

（a）断线

（b）对地距离不足

图 1-1-1　裸导线断线及对地距离不足

2．绝缘导线的巡视检查

（1）绝缘线外皮有无磨损、变形、龟裂、抽头等。

（2）绝缘护罩扣合是否紧密，有无脱落现象。

（3）各相弧垂是否一致，有无过紧或过松。

（4）引流线最大摆动时相间不小于 300mm。

（5）沿线有无树枝剐蹭绝缘导线。

（6）红外监测技术检查触点有无发热现象。

巡视发现绝缘导线树障及脱落如图 1-1-2 所示。

（二）杆塔的巡视检查

（1）杆塔是否倾斜（混凝土杆：转角杆、直线杆不应大于 15/1000，转角杆不应向内角倾斜，终端杆不应向导线侧倾斜，向拉线侧倾斜应小于 200mm；铁塔：50m 以下不应大于 10/1000，50m 以上不应大于 5/1000）；铁塔构件有无弯曲、变形、锈蚀、缺失；螺栓有无松动、脱落；混凝土杆有无裂纹（不应有纵向裂纹，横向裂纹不应超过 1/3 周长，且裂纹宽度不应大于 0.5mm)、酥松、钢筋外露，焊接处有无开裂、锈蚀。

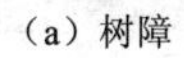
（a）树障

（b）导线脱落

图 1-1-2　绝缘导线树障及脱落

（2）基础有无损坏、下沉或上拔，周围土壤有无挖掘或沉陷，寒冷地区电杆有无冻鼓现象。

（3）杆塔位置是否合适，有无被车撞的可能，或被水淹、冲的可能，杆塔周围防洪设施有无损坏、坍塌。

（4）杆塔标识（杆号、相位、警告牌等）是否齐全、明显。

（5）杆塔周围有无杂草和蔓藤类植物附生。有无危及安全的鸟巢、风筝及杂物。

巡视发现电杆基础被冲刷见图 1-1-3。

图 1-1-3　电杆基础被冲刷

（三）横担和金具的巡视检查

（1）横担有无锈蚀（锈蚀面积超过 1/2）、歪斜（上下倾斜、左右偏歪不应大于横担长度的 2%）、变形。

（2）金具有无锈蚀、变形；螺栓有无松动、缺帽；开口销有无锈蚀、断裂、脱落。

（四）绝缘子的巡视检查

（1）绝缘子有无脏污，是否出现裂纹、闪络痕迹，表面硬伤是否超过 1cm^2，扎线有无松动或断落。

（2）绝缘子有无歪斜，紧固螺丝是否松动，铁脚、铁帽有无锈蚀、弯曲。

（3）合成绝缘子伞裙有无破裂、烧伤。

巡视发现绝缘子损坏见图 1-1-4。

图 1-1-4　绝缘子损坏

（五）电力电缆的巡视检查

（1）电缆路径上路面是否正常，有无挖掘痕迹。

（2）路径上有无临建工地及堆积物。

（3）路径上有无酸碱性排泄物或堆积石灰等。

（4）电缆护管、标桩是否损坏或丢失。

（5）架空电缆检查钢绞线有无断股锈蚀严重，支撑杆是否倾斜。

（6）沿墙、楼敷设的电缆固定架是否牢固锈蚀严重，有无松脱现象。

（7）终端头及接地体有无异常情况。

（8）电缆沟道是否有积水、杂物。

（9）电缆沟道是否与易燃易爆、热源管道邻近，易燃易爆物及热源物有无泄漏到电缆沟道的可能。

巡视发现电缆老化见图 1-1-5。

（六）拉线、顶（撑）杆、拉线柱的巡视检查

（1）拉线有无锈蚀、松弛、断股和张力分配不均等现象。

图 1-1-5　电缆老化

（2）拉线绝缘子是否损坏或缺少。

（3）拉线、抱箍等金具有无变形、锈蚀。

（4）拉线固定是否牢固，拉线基础周围土壤有无突起、沉陷、缺土等现象。

（5）拉桩有无偏斜、损坏。

（6）水平拉线对地距离是否符合要求。

（7）拉线有无妨碍交通或被车碰撞风险。

（8）顶（撑）杆、拉线柱、保护桩等有无损坏、开裂、腐朽等现象。

（9）拉线上有无蔓藤类植物附生。

巡视发现拉线断线导致电杆倾斜及藤蔓附生见图 1-1-6。

（a）拉线断线

（b）藤蔓附生

图 1-1-6　拉线断线导致电杆倾斜及藤蔓附生

（七）柱上配电变压器和变压器台架

（1）变压器本体（油枕、连接管、压力释放装置、冷却系统、油箱、各种油阀等）应无渗漏油现象，油位显示正常。密封垫绝缘状态不大于 2 级；本体及附件无锈蚀。

（2）变压器油色透明，呈微黄色；上层油温不宜超过 85℃。

（3）变压器声音均匀，无其他杂音。

（4）呼吸器中无堵塞现象，呼吸应畅通，吸附剂受潮比例不大于 2/3。

（5）套管无脏污、裂纹、破碎或闪烙痕迹。

（6）电气连接点无锈蚀、过热和烧损现象，在运行环境中相对空气的温升不应大于 55K。

（7）分接开关位置指示正确；运行变压器所加一次电压不应超过相应分头电压值的 105%。

（8）高低压引线无松弛、断股、灼伤情况。

（9）变压器铭牌及其他标识应清晰齐全。

（10）变压器台底部距地面高度不应小于 2.5m；一次侧熔断器对地垂直距离不应小于 4.5m，二次侧熔断器或断路器对地垂直距离不应小于 3.5m；各相熔断器水平距离：一次侧不小于 0.5m，二次侧不应小于 0.3m。

（11）台架周围无杂草丛生、杂物堆积，无生长较高的农作物、树木、竹、蔓藤植物接近带电体。

巡视发现变压器出线老化及低压桩头渗油见图 1-1-7。

（a）出线老化

（b）低压桩头渗油

图 1-1-7　变压器出线老化及低压桩头渗油

（八）防雷设施的巡视检查

（1）避雷器绝缘裙有无硬伤、老化、裂纹、脏污、闪络。

（2）避雷器的固定是否牢固，有无歪斜、松动现象。

（3）引线连接是否牢固，上下压线有无开焊、脱落，触点有无锈蚀。

（4）引线与相邻相和杆塔构件的距离是否符合规定。

（5）附件有无锈蚀，接地端焊接处有无开裂、脱落。

巡视发现避雷器击穿见图 1-1-8。

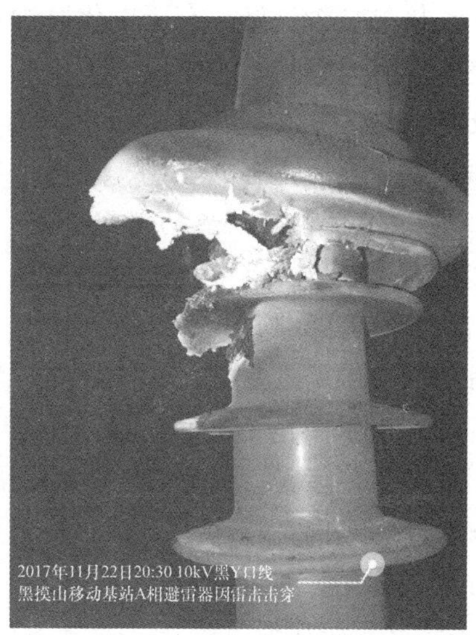

图 1-1-8　避雷器击穿

（九）接地装置的巡视检查

（1）接地引下线有无断股、损伤、丢失。

（2）接头接触是否良好，线夹螺栓有无松动、锈蚀。

（3）接地引下线的保护管有无破损、丢失，固定是否牢靠。

（4）接地体有无外露、严重腐蚀，在埋设范围内有无土方工程。

巡视发现接地线断落见图 1-1-9。

图 1-1-9　接地线断落

（十）接户线的巡视检查

（1）线间距离和对地、对建筑物等交叉跨越距离是否符合规定。

（2）绝缘层有无老化、损坏。

（3）接点接触是否良好，有无电化腐蚀现象。

（4）绝缘子有无破损、脱落。

（5）支持物是否牢固，有无腐朽、锈蚀、损坏等现象。

（6）弧垂是否合适，有无混线、烧伤现象。

（十一）柱上开关、熔断器的巡视检查

（1）瓷件有无裂纹、闪络、破损及污垢。

（2）熔丝管有无弯曲、变形。

（3）触头间接触是否良好，有无过热、烧损、熔化现象。

（4）各部件的组装是否良好，有无松动、脱落。

（5）引线接点连接是否良好，与各部间距是否合适。

（6）安装是否牢固，相间距离、倾斜角是否符合规定。

（7）分合指针是否在正确位置。

（十二）线路保护区巡视检查

（1）线路上有无搭落的树枝、金属丝、锡箔纸、塑料布、风筝等异物。

（2）线路周围有无堆放易被风刮起的锡箔纸、塑料布、草垛等。

（3）沿线有无易燃、易爆物品和腐蚀性液、气体。

（4）有无危及线路安全运行的建筑脚手架、吊车、树木、烟囱、天线、旗杆等。

（5）线路附近有无敷设管道、修桥筑路、挖沟修渠、平整土地、砍伐树木及在线路下方修房栽树、堆放土石等。

（6）线路附近有无新建的化工厂、农药厂、电石厂等污染源及打靶场、开石爆破等不安全现象。

（7）导线对其他电力线路、弱电线路的距离是否符合规定。

（8）导线对地、对道路、公路、铁路、管道、索道、河流、建筑物等距离是否符合规定。

（9）防护区内有无植树、种竹情况及导线与树、竹间距离是否符合规定。

（10）线路附近有无射击、放风筝、抛扔外物、飘洒金属和在杆塔、拉线上拴牲畜等。

（11）查明沿线有无发生江河泛滥、山洪和泥石流等异常现象。

（12）有无违反《电力设施保护条例》的建筑。

巡视发现线路下建房见图 1-1-10。

四、配电线路巡视目的及要求

（一）巡视目的

为了及时掌握线路及设备的运行状况，包括沿线的环境状况，发现并消除设备隐患和沿线威胁线路安全运行的隐患，预防事故的发生，提供翔实的线路设备检修内容，必须按巡视周期进行巡视和检查。

(a)

(b)

图 1-1-10　线路下建房

（二）巡视要求

巡视工作最重要的是质量，巡视检查一定到位，对每基杆塔、每个部件，对沿线情况、周围环境检查要认真、全面、细致。巡视完毕后，应对发现的缺陷，按缺陷类别、内容、位置及发现的时间，根据巡视记录表记录在缺陷台账内，以便对缺陷进行处理和考核。巡视记录表见表 1-1-5。

表 1-1-5　　巡 视 记 录 表

单位：

记录编号		巡视线路（设备）	
巡视时间		巡视类别	定期巡视□、特殊巡视□（夜间巡视□、故障巡视□、监察性巡视□）
巡视班组		巡视人员	
巡视情况			
巡视时发现的设备缺陷			
序号	设备名称	设备型号	缺陷及异常情况

（三）不同季节巡视的侧重点

配电线路巡视的季节性很强，各个季节应有不同的侧重点。高峰负荷时，应加强对设备各类接头的检查及对变压器的巡视，冬季大雪或覆冰时应重点巡视检查接头冰雪融化状况，开春时节大地解冻，应加强对杆塔基础的检查巡视；雷雨季节到来之前，应加强对各类防雷设施的巡视；夏季气温较高，应加强对导线交叉跨越距离的监视、巡查。雨季汛期应加强对山区线路以及沿山、沿河线路的巡视检查，防止山石滚落砸坏线路以及滑坡、泥石流对线路的影响。

（四）工器具

巡视时携带的工器具见表1-1-6。

表1-1-6　　巡视携带工器具

序号	名　　称	备　　注
1	工作服、工作鞋（绝缘鞋）	
2	雨鞋、雨衣	天气气候情况
3	防护工具、急救药品	
4	木棒	1.2m（防止动物袭击）
5	巡视记录表、测试工具、通信工具	
6	工器具、望远镜	工器具（根据需要）
7	照明工具	夜间巡视

五、危险点分析及预控措施

配电线路巡视危险点分析与预控措施见表1-1-7。

表1-1-7　　配电线路巡视危险点分析与预控措施

作业内容	危险点	控　制　措　施
正常巡视	走路扎脚	巡线时，严禁穿凉鞋、拖鞋，应穿工作胶鞋或工作皮鞋，防止扎脚
	狗咬	（1）进村时，在可能有狗的地方先喊叫。 （2）备棍棒，以防狗突然窜出伤人
	蛇咬	巡线时带一树棍，边走边打草，打草惊蛇，避免被蛇咬伤，并带上蛇药以备急用
	摔伤	巡线时如路滑，慢慢行走，过沟、崖、墙时防止摔伤
	马蜂蜇	发现马蜂窝不要靠近，更不能碰
	高空坠落	单人巡视时，禁止攀登电杆和铁塔
	交通事故	巡线途中应遵守交通法规
	溺水	巡线工作中不得穿过不明深浅的水域和薄冰，不准游泳

续表

作业内容	危险点	控制措施
正常巡视	走失	（1）偏僻山区、夜间巡视必须由2人进行。 （2）夜间巡视应带有照明工具。 （3）雨雪雾霾天气巡视必要时由2人进行
	中暑	（1）暑天巡视外出应备好草帽、防暑清凉药品。 （2）暑天巡视最好2人进行，尽量避开正午气温最高的时候。 （3）碰上中暑时，应在阴凉通风处休息，并服解暑药缓解
故障巡视	触电	（1）事故巡线应始终认为线路有电，即使明知该线路已停电，亦应认为线路随时有恢复送电的可能。 （2）发现导线断落地面或悬吊在空中，应设法防止行人靠近断线点8m以内，并迅速报告领导，等候处理。 （3）巡线时沿线路外侧行走，大风时沿上风侧行走。 （4）登杆检查时，必须保证与带电导线的最小距离，10kV 0.7m，35kV 1.0m

六、线路、设备对地距离

线路、设备对地距离分别见表1-1-8～表1-1-11。

表1-1-8　6、10、20kV导线与地面或水面的最小距离　单位：m

线路经过地区	线路电压	
	1～10kV	1kV以下
居民区	6.5	6
非居民区	5.5	5
不能通航也不能浮运的河、湖（至冬季冰面）	5	5
不能通航也不能浮运的河、湖（至50年一遇洪水位）	3	3
交通困难地区	4.5（3）	4（3）

注　括号内为绝缘线数值。

表1-1-9　6、10、20kV导线与山坡、峭壁、岩石之间的最小距离　单位：m

线路经过地区	线路电压	
	1～10kV	1kV以下
步行可以到达的山坡	4.5	3.0
步行不能到达的山坡、峭壁和岩石	1.5	1.0

表 1-1-10　　导线与建筑物的最小距离　　单位：m

最大弧垂情况的垂直距离		最大风偏情况的水平距离	
1～10kV	1kV 以下	1～10kV	1kV 以下
3（2.5）	2.5（2）	1.5（0.75） 相邻建筑物无门窗或实墙	1.0（0.2） 相邻建筑物无门窗或实墙

注　括号内为绝缘线数值。

表 1-1-11　　导线与行道树的最小距离　　单位：m

最大弧垂情况的垂直距离		最大风偏情况的水平距离	
1～10kV	1kV 以下	1～10kV	1kV 以下
1.5（0.8）	1.0（0.2）	2.0（1.0）	1.0（0.5）

注　括号内为绝缘线数值。

第二单元 设备缺陷管理

教学目的：

通过教学，使学员掌握10kV及以下配网运行设备缺陷（以下简称“设备缺陷”）管理，熟悉准确判断缺陷的定义、分类、处理要求、处理方法及处理流程。

教学重点：

设备缺陷的定义；设备缺陷的分类原则。

教学难点：

设备缺陷的处理流程。

教学内容：

设备缺陷的定义；设备缺陷的分类原则；设备缺陷的处理时限、要求；设备缺陷的处理流程。

一、设备缺陷的定义

设备缺陷是指生产设备在制造运输、施工安装、运行维护等阶段发生的设备质量异常现象，包括不符合国家法律法规、国家（行业）强制性条文、违反企业标准或“反措”要求、不符合设计或技术协议要求、未达到预期的观感或使用功能、威胁人身安全、设备安全及电网安全的情况。

二、设备缺陷的分类原则

（一）设备缺陷分类

设备缺陷按照严重程度分为紧急缺陷、重大缺陷、一般缺陷和其他缺陷。

1. 紧急缺陷

（1）生产设备施工安装阶段中发生的，不符合设计标准，未达到施工工艺质量要求，不满足验收标准，对设备施工安全、质量、进度造成严重影响，需立即进行处理的设备缺陷。

（2）生产设备运行维护阶段中发生的，不满足运行维护标准，随时可能导致设备故障，对人身安全、电网安全、设备安全、经济运行造成严重影响，需立即进行处理的设备缺陷。

2. 重大缺陷

（1）生产设备制造运输过程中发生的，因产品设计、材质不满足技术规范要求，出厂试验不合格，运输过程造成设备受损，对设备质量、供货进度造成重大影响的设备缺陷。包括人身安全或会引起严重后果的项目（A类）、严重安全隐患或长期运行会造成严重经济损失的项目（B 类）。

（2）生产设备施工安装阶段中发生的，不符合设计标准，未达到施工工艺质量要求，不满足验收标准，对设备施工安全、质量、进度造成重大影响的设备缺陷。

（3）生产设备运行维护阶段中发生的，不满足运行维护标准，对人身安全、电网安全、设备安全、经济运行造成重大影响，设备在短时内还能坚持运行，但需尽快进行处理的设备缺陷。

3. 一般缺陷

（1）生产设备制造运输过程中发生的，因产品设计、材质不满足技术规范要求，运输过程造成设备轻微受损，基本不对设备正常使用、主要功能及供货造成影响，可现场进行处理的设备缺陷。该现象包括外观或轻微故障，或符合国家设备监理（监造）和检测标准，但不符合南网招标技术规范的项目（C 类）。

（2）生产设备施工安装阶段中发生的，未达到施工工艺质量要求，基本不对设备使用安全、主要功能及工期造成影响，可现场进行处理的设备缺陷。

（3）生产设备运行维护阶段中发生的，基本不对设备安全、经济运行造成影响的设备缺陷。

4. 其他缺陷

生产设备在运行维护阶段中发生的，暂不影响人身安全、电网安全、设备安全，可暂不采取处理措施，但需要跟踪关注的设备缺陷。

（二）10kV 及以下设备缺陷定级

1. 10kV 及以下配网设备运行缺陷定级原则（见表 1-2-1）

表 1-2-1　　10kV 及以下配网设备运行缺陷定级原则

设备	紧急缺陷	重大缺陷	一般缺陷
1. 架空裸导线	（1）铝绞线、铝合金绞线断股截面超过导线总面积的 17%以上；松股程度超过导线原直径 50%以上；钢芯铝绞线的钢芯断股，断股损伤截面超过铝股或合金股总面积 25%；一根导（地）线在同一耐张段有多处断股；7 股导（地）线中的任一股导线损伤深度大于该股导线直径的 1/2；19 股以上导（地）线，某一处的损伤超过 3 股。 （2）绑扎线断裂或脱落。 （3）导线有异物悬挂，随时有可能造成短路及接地	（1）铝绞线、铝合金绞线断股截面占导线总面积的 7%～17%；钢芯铝绞线钢芯铝合金绞线断股损伤截面占铝股或合金股总面积 7%～25%。 （2）三相弧垂松紧严重不平衡，振动严重，太紧有断线可能、太松有碰线可能者。 （3）导线有异物悬挂，但近期不会造成短路及接地。 （4）绑扎线松动。 （5）导线连接不良	（1）铝绞线、铝合金绞线断股截面不超过导线总面积的 7%。钢芯铝绞线、钢芯铝合金绞线断股损伤截面不超过铝股或合金股总面积 7%。 （2）弧垂变化，但尚未影响安全运行

续表

设 备	紧 急 缺 陷	重 大 缺 陷	一 般 缺 陷
2．金具	（1）接续金具过热变色有明显烧熔痕迹，线夹松脱损坏连接螺栓松动，外观鼓包、裂纹、烧伤、滑移或出口处断股。 （2）金具出现锈蚀，锈蚀部分出现起皮和严重麻点、锈蚀表面积超过 1/2。 （3）连接金具不牢固	（1）线夹与导线不配套。 （2）绝缘子串开口销、导线挂线金具上的穿钉和开口销、螺杆有脱落可能。 （3）跳线连接处螺栓松动，压板有温升，跳线对拉线或电杆的空气间隙小于规程规定。 （4）压接管、补修管弯曲严重、开裂	（1）防振锤、阻尼线发生位移、重锤脱落。 （2）紧固螺栓不出头，紧固螺牙的露出部分已烂平
3．瓷质绝缘件	（1）瓷体有裂纹、破缺、闪络痕迹和局部火花放电现象。 （2）绝缘子串销子脱落或绝缘子串脱落。 （3）针式绝缘子及瓷横担螺母掉落。 （4）绝缘子串被金属短路。 （5）合成绝缘子伞裙、护套、破损或龟裂，表面烧灼严重	（1）挂式绝缘子铁帽有锈蚀、松动现象。 （2）绝缘子串有异常响声。 （3）绝缘子釉面脱落面积超过 $100mm^2$，瓷横担线槽外端头釉面剥落面积大于 $200mm^2$，绝缘子硬伤超过 $50mm^2$。 （4）一串中，零值或破损绝缘子达到或超过 1 片。 （5）合成绝缘子各部件连接部分有脱胶、龟裂、变形等现象	（1）针式绝缘子铁脚弯曲。 （2)绝缘子脏污、积灰，但雨雾天无火花现象。 （3)直线杆悬式绝缘子串在顺线方向上偏斜大于 15°
4．杆塔和横担及拉线	（1）杆塔弯曲、倾斜严重、有裂纹，随时有倾倒的可能。 （2）拉线断股超过总面积 1/6 以上。拉线棒、抱箍等金具严重变形或缺失；拉线穿越公路时，对路面中心的距离小于 6m，或对路面的最小距离小于 4.5m。 （3）混凝土电杆有裂缝，其中有纵向裂纹，横向裂纹大于 1/3 周长，且裂纹宽度大于 0.5mm；铁塔各类塔材严重锈蚀、丢失，主材弯曲度大于 5/1000；混凝土基础出现裂纹、疏松、露筋；电杆钢圈接头出现开裂。 （4）横担上下倾斜、左右偏歪，大于横担长度的 2%且随时有断脱的可能。	（1）杆塔倾斜度和横担歪斜度超过规定的允许范围。混凝土电杆发生倾斜，其中转角杆、直线杆倾斜度大于 15/1000，转角杆向内角倾斜，终端杆向导线侧倾斜，50m 以下铁塔倾斜度大于 10/1000。 （2）混凝土杆出现裂纹、混凝土脱落、钢筋外露、连接钢箍锈蚀严重。 （3）拉线及部件松弛、断股、散股。 （4）铁横担锈蚀严重，有明显弯曲情况。 （5）杆塔或拉线基础裂缝、剥落、被冲刷、塌陷，使基础稳固受到较大影响。	（1）杆塔有倾斜现象，杆顶部偏斜一个杆顶直径以内。 （2）基础回填土散失、土壤下陷，暂不影响杆塔稳定性。 （3）横担紧固不可靠，紧固螺栓不出头，横担不平。 （4）铁塔和横担生锈。 （5）杆塔缺杆号、相色标志，缺脚踏抱箍、缺安全警示牌

续表

设　备	紧 急 缺 陷	重 大 缺 陷	一 般 缺 陷
4．杆塔和横担及拉线	（5）杆基和拉线基础周围土壤被挖掘或沉陷、缺土、突起等现象，已严重影响杆塔安全运行，随时有可能造成倒杆	（6）瓷横担严污秽、硬伤，且破伤面积大于 $50mm^2$。 （7）横担严重倾斜，瓷横担左右倾斜，剪切销断脱。 （8）预应力杆有裂纹，普通水泥杆裂纹宽度大于 0.2mm，长度大于 1.5m，或多处露筋，对电杆强度有较大影响	
5．柱上开关	（1）操动机构失灵，影响供电时。 （2）分合位置指示错误。 （3）严重喷油、真空、SF_6泄漏。 （4）箱体破损严重；绝缘破损。 （5）开关发生接触不良、误跳	（1）台架倾斜、锈蚀严重。 （2）套管有硬伤、裂纹、脏污、闪络，操作复位困难；漏油、油位低于下限。 （3）操作次数达规定值	（1）分合位置指示偏位。 （2）油开关有明显渗油现象、油位接近下限
6．隔离开关、跌落式开关	（1）有烧熔痕迹或发热烧损现象。 （2）跌落式开关纸管变形、裂开或电弧烧胀，灭弧罩烧坏。 （3）熔丝、熔管夹具损坏。 （4）手动操动机构及闭锁均失灵，插销脱落。 （5）绝缘子破损有严重放电痕迹、有严重污闪。 （6）试验不合格。 （7）接触不良发热变色。 （8）设备线夹受力严重变形。 （9）组合式绝缘子有一半是零值或支持绝缘子严重损伤。 （10）瓷件有破裂，隔离开关触头铸铝件部分有裂纹。 （11）隔离开关严重锈蚀，以致操作卡阻，不能正常停送电。 （12）三相不同期，触头接触不良，刀口严重不到位或开转角度不符合运行要求	（1）接地开关分合闸不到位。 （2）电气接触不紧密牢固，锈蚀严重。 （3）接地开关与接地点间的连线断股或锈蚀严重。 （4）隔离开关合闸后导电杆歪斜、接触不严密、引线螺丝松动。 （5）组合式绝缘子有零值，瓷裙损伤在 $2cm^2$ 以上。 （6）隔离开关未安装防止误操作闭锁装置。 （7）隔离开关操作不灵活，有卡阻，操动机构及机械传动部分三相同期	（1）绝缘子、刀口污脏。 （2）操动机构不灵活。 （3）缺锁或销子脱落。 （4）弧棒烧毛、引线螺栓及其他金属部位有严重电晕。 （5）绝缘子轻微损伤在 $2cm^2$ 以下。 （6）隔离开关、连杆、底架锈蚀

续表

设备	紧急缺陷	重大缺陷	一般缺陷
7．变压器（包括箱式变）	（1）本体漏油严重或大量喷油，油面低到1/3油面线以下、油枕看不见油位。 （2）电气预防性试验项目不合格。 （3）箱式变压力计指示箱体内压力不正常。 （4）内部有异常响声，套管严重破损、裂纹、有严重放电声，套管漏油，油位超过下限，密封失效。 （5）变压器有载调压开关动作异常，极限位置不能闭锁，指示动作不可靠，接触电阻不符合要求	（1）干式变压器温控装置、风机无法正常工作。 （2）接地电阻不符合要求。 （3）本体严重渗、漏油（2滴/min以上），油位可观察到。 （4）三相负荷偏差超20%。 （5）台架倾斜、锈蚀严重。 （6）引线相间或对地距离不够。 （7）套管破损、有放电声。 （8）呼吸器堵塞硅胶变色。 （9）调压装置卡不能调节	（1）变压器外壳锈蚀，箱变门无法正常开闭。 （2）浸油，油位够或稍低。 （3）外壳接地不良。 （4）附件震动太大。 （5）呼吸器硅胶变色
8．防雷设施和接地装置	（1）避雷器、变压器、电缆头及相关设备和接地装置的连接脱落。 （2）避雷器有破损、闪络痕迹。 （3）接地电阻超标达50%。 （4）避雷器预防性试验主要项目不合格。 （5）运行中避雷器有异常响声、绝缘子破损或有放电痕迹	（1）接地装置连接松动、断股、电焊处开焊。 （2）接地电阻不符合要求。 （3）接地引下线严重锈蚀。 （4）地网锈蚀严重、外露	（1）接地线截面偏小。 （2）接地引线或扁铁生锈
9．接户装置	（1）接户线破损、老化严重，有断线危险。 （2）连接点打火、烧熔。 （3）接户线严重过载。 （4）对地和其他设施的安全距离不足	（1）支持物腐蚀、倾斜、悬空吊起、脱落。 （2）未使用铜铝过渡设备。 （3）零线与相线不等截面。 （4）接户线破损、老化，排列混乱	（1）档距内接头超过一处。 （2）支持物不牢固
10．电缆及电缆通道（电缆本体）	（1）紧急缺陷。 （2）电缆超过额定电流运行。 （3）电缆无法通过规定的耐压试验。 （4）电缆的铜屏蔽层、外半导	（1）电缆的三相绝缘电阻不平衡系数超过3。 （2）电缆线路名称或标示牌不正确。 （3）电缆的护套破损严重，	（1）电缆线路名称或标示牌字迹脱落不清楚。 （2）护管、护板损坏，电缆护层轻微损伤

续表

设 备	紧 急 缺 陷	重 大 缺 陷	一 般 缺 陷
10．电缆及电缆通道（电缆本体）	电层或主绝缘损伤（如外破），但仍带缺陷运行。 （5）外护套闪络放电、碎裂。 （6）电缆长期过载发热	有轻微放电。 （4）电缆年久运行外护层已有老化严重、锈蚀。 （5）电缆弯曲、受压等情况超出设计规范要求	
11．电缆及电缆通道：电缆终端接头（户内、户外）及附属设备	（1）电缆终端放电严重，有焦臭味。 （2）电缆终端头带电部位即将被水浸泡。 （3）油浸电缆终端头喷油。 （4）电缆分接箱箱体内支持绝缘子、穿墙套管或绝缘锥套表面放电严重且有焦臭味。 （5）电缆户外杆塔及构架、钢管破损，电缆无法固定。 （6）电缆分接箱箱体被严重破坏，危及电气设备。 （7）电缆附件有严重局部放电现象、有破裂污闪。 （8）电缆终端头积污严重，有污闪现象，电缆终端盒破裂。 （9）接地不正确。 （10）电缆终端头相间或对地有轻微放电，绝缘表面有放电点。 （11）户外电缆终端头雨裙开裂丢失，或电缆户外终端缠绕有萝藤等附生物。 （12）电缆头相间或对地有轻微放电现象，电缆头接地线脱落	（1）电缆户外终端头距离地面或建筑物太近，有触电的危险。 （2）油浸电缆终端头渗油。 （3）电缆户外杆塔及构架破损，影响电缆的固定。 （4）电缆分接箱箱体受损倾斜，尚未危及电气设备。 （5）电缆分接箱箱体内支持绝缘子、穿墙套管或绝缘锥套表面有轻微放电痕迹。 （6）接地电阻不合格。 （7）电缆保护层受外力破坏或严重损伤，黏性电缆的绝缘油、胶外溢	（1）电缆终端头相色标志丢失，户外终端无标示牌、无安全警示牌。 （2）电缆终端头积污。 （3）电缆户外终端头与地面、树木或建筑物距离小于安全规范要求
12．电缆及电缆通道（电缆通道）	（1）电缆沟或工井缺盖板、沟体坍塌压在电缆上且有被车辆压的可能。 （2）电缆通道周围土壤被挖掘或沉陷，地下电缆出现裸露，已严重影响电缆安全运行的	（1）电缆周围的土壤温度超过本地段同样深度土壤温度10℃。 （2）电缆线路走廊通道（包括直埋、工井、排管、隧道、电缆沟）上的路面被开挖（保	（1）电缆沟中有污水淤积；电缆的支撑物出现锈蚀，但不甚严重。 （2）电缆沟或工井的盖板破损缺角。 （3）电缆与其他管线距离不符合安全要求

续表

设　备	紧　急　缺　陷	重　大　缺　陷	一　般　缺　陷
12. 电缆及电缆通道（电缆通道）		护板外露、电缆外露）、电缆走廊被其他管线违规横穿，电缆标志桩被破坏。 （3）电缆走廊上被堆置瓦砾、矿渣、建筑材料、笨重物品、酸碱性排泄物或砌堆石灰坑等。 （4）通过桥梁的，桥两端电缆拖拉过紧，保护管或槽有脱开或锈烂的现象。 （5）与煤气管道、温泉管道距离不符合安全要求。 （6）支撑物出现严重锈蚀，部分支撑物脱落	
13. 配电室、开闭所土建部分	（1）门、窗损坏严重，外人可随意进出。 （2）孔、洞封堵不严，无法防止小动物。 （3）室内屋顶、墙壁有漏水至带电设备上的可能。 （4）房屋基础、构架下沉严重。 （5）墙壁倾斜，开裂危急运行设备正常运行	（1）设备基础下沉或倾斜。 （2）屋顶有渗漏水现象，电缆沟进水。 （3）进出通道被封堵或堆积杂物，设备及人员无法正常进出。 （4）各种标志不齐全、不清晰	（1）室内无一次模拟接线图。 （2）现场应配备的消防及安全工器具未配备或定期试验检查。 （3）门口附近有垃圾等杂物堆积。 （4）大门无法正常开启。 （5）屋内照明、通风系统不能正常使用。 （6）室内照明不亮，影响夜间操作。 （7）电缆沟有积水现象，盖板不全，进入控制室及高、低压室的电缆沟无防火材料堵砌。 （8）屋顶漏雨渗水、墙壁有裂缝，钢筋外露
14. 开关柜（包括断路器、环网开关、箱变、电缆分支箱）	（1）接点过热、烧伤、熔接。 （2）开关设备超负荷运行。 （3）套管严重漏油、漏胶或有放电痕迹。	（1）仪表、信号装置指示异常。 （2）开关柜门无法正常关闭或打开。达不到“五防”要求	（1）开关设备不清洁，有较重灰尘、积污现象。 （2）油断路器渗油、断路器表面脱漆或有锈蚀。

续表

设　备	紧 急 缺 陷	重 大 缺 陷	一 般 缺 陷
14. 开关柜（包括断路器、环网开关、箱变、电缆分支箱）	（4）保护拒动、误动。 （5）真空开关的真空泡失去光泽、发红、有裂纹或者漏气。 （6）熔断器接触不良。 （7）套管、支柱瓷瓶（绝缘子）有变色、放电闪络等现象。 （8）隔离开关刀口接触不良，无法同期；母线排、开关有变形变色，操作机构螺栓有松动。 （9）绝缘拉杆脱落，机构卡涩、失灵，机械指示失灵；开关柜的关键部件及性能（如套管、回路电阻、绝缘提升杆、同期性、动作电压、分合闸速度及时间等），有一项与 DL/T 596《电力设备预防性试验规程》或与厂家标准相比悬殊较大，必须立即处理者。 （10）开关柜内有严重放电声。 （11）电压互感器熔断器熔断。 （12）开关机构箱（端子箱）封堵不严，又未采取防止小动物及防水的措施，威胁安全运行。 （13）油位计无油，漏油严重，外部污脏。 （14）储能元件损坏。 （15）跳、合闸监视灯不亮。 （16）看不见油位，内有异常响声。 （17）断路器辅助接点、液（气）压闭锁接点失灵。 （18）SF_6 断路器的 SF_6 气体质量不合格，或严重漏气，其压力低于制造厂规定的下限。 （19）开关动作中发生分、合闸电气和机械指示不一致。 （20）带电指示器损坏（无法判断断路器、开关带电情况）。 （21）TV 接地线断裂。 （22）TV 熔断器熔断	或“五防”功能失灵。 （3）操动机构失灵，有卡阻现象。 （4）可电动操作的设备无法进行电动操作。 （5）本体或套管渗、漏油严重（2 滴/分钟以上），油位超过上限或低至下限。 （6）绝缘油发黑。 （7）柜体损坏。 （8）保护接地排脱落，接地电阻不符合标准。 （9）SF_6 断路器的气压不足（压力低于标准安全值）。 （10）每个单元间隔的名称及编号不正确或字迹不清。 （11）开关分合闸位置指示器指示不对应。 （12）TV 熔断器熔断（环网柜、箱变）	（3）操动机构不灵活、机构指示失灵。 （4）引线或接线桩头有严重电晕。 （5）红绿灯灯丝或附加电阻断线、接触不良

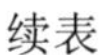

续表

设　备	紧　急　缺　陷	重　大　缺　陷	一　般　缺　陷
15. 母线	（1）接点螺栓松动、变位、发热或有烧伤痕迹。 （2）绝缘子破损、有裂纹、闪络放电	接头螺丝松动、有发热现象	（1）接点螺栓未紧固或未安装弹垫。 （2）震动发响。 （3）母线表面不清洁。 （4）母线无相位标识。 （5）支持绝缘子瓷件破损 $2cm^2$ 以下
16. 表计	（1）运行中有异常声响或异味、不显示或显示不正确。 （2）严重发热、冒烟。 （3）电能计量仪表停止计量。 （4）电能表失压报警	（1）主要运行表计检定不合格或超期未检定。 （2）测量及电能计量装置倍率错误。 （3）显示值严重失真影响生产运行	（1）表计指示不准确。 （2）遥信测量数据不准确

注　除以上三种缺陷外的由生产设备在运行维护阶段中发生的，暂不影响人身安全、电网安全、设备安全，可暂不采取处理措施，但需要跟踪关注的设备缺陷列为其他缺陷。

2. 10kV 及以下运行设备发热缺陷分类原则

当发热点的温升（与正常相对应点相比）小于 10℃时，不宜用本缺陷分类原则确定设备缺陷的性质。两对应测温点（同间隔、同设备、同部位、不同相的两点）之间与其中较热点的温升之比的百分数称为相对温差率，用 $\Delta T\%$表示。计算公式为

$$\Delta T\% = \frac{T_1 - T_2}{T_1 - T_0} \times 100\%$$

式中　T_0——测试处环境温度；

T_1——发热处的温度；

T_2——正常相对应处的温度。

部分电流致热型设备的相对温差率判据、带电设备红外诊断判据分别见表 1-2-2、表 1-2-3。

表 1-2-2　　部分电流致热型设备的相对温差率判据

设　备　类　型	相对温差率 $\Delta T\%$		
	一般缺陷	重大缺陷	紧急缺陷
SF_6 断路器	≥20	≥80	≥95
真空开关	≥20	≥80	≥95
空气断路器	≥50	≥80	≥95

续表

设备类型	相对温差率 $\Delta T\%$		
	一般缺陷	重大缺陷	紧急缺陷
高压开关柜	≥35	≥80	≥95
隔离开关	≥35	≥80	≥95
充油套管	≥20	≥80	≥95
其他导流设备	≥35	≥80	≥95

表 1-2-3　带电设备红外诊断判据

温度分类名称		一般缺陷	重大缺陷	紧急缺陷
配电设备	隔离开关触头	与其他相相比温升20～35℃（温度小于80℃）	与其他相相比温升大于35℃（温度小于100℃）	温度大于100℃
	干式变压器	相间温升2～4℃	相间温升大于4℃	相间温升大于6℃
接头（裸铝、铝合金、铜、铜合金）		与导线相比温升20～45℃（温度小于90℃）	与导线相比温升大于45℃（温度小于130℃）	温度大于130℃
交联聚乙烯电缆	带铠装	表面温升20～30℃	表面温升30～50℃	表面温升超过50℃
	不带铠装	表面温升15～25℃	表面温升25～45℃	表面温升超过45℃
架空线路	线夹压接管	与导线相比温升20～30℃	与导线相比温升大于30℃	温度大于110℃
处理意见		控制负荷近期安排处理	控制负荷一周内安排处理	减轻负荷24h内处理

三、设备缺陷的处理时限要求

（一）设备缺陷的收集及处理要求

1. 发现和报送

（1）发现缺陷或收到其他信息源提供的缺陷信息后，缺陷管理人员应及时记录，并将缺陷信息报送至对应的缺陷受理部门。

（2）巡维和检修过程发现并在现场立即消除的缺陷，应在5个工作日内进行补登。

（3）运维阶段发现的紧急缺陷及可能随时导致设备停运的缺陷应及时报调度部门。

（4）发现重大、紧急缺陷，应立即组织技术分析，需要前往现场确认的应及时赶赴现场。

（5）缺陷报送信息应包括缺陷发现时间、设备名称/资产编号/设计编号、缺陷部件/部位、缺陷表象、缺陷类别、缺陷原因、严重等级、缺陷发现来源等内容，设备制造运输、施工安装、运行维护各阶段可根据管理需要，在管理业务指导书中规范缺陷记录及处理表单。

2. 确认和定级

（1）每一条缺陷都需要根据南方电网公司《设备缺陷定级标准》进行认真分析比对，正确定级。

（2）设备制造运输、基建阶段缺陷的严重等级，可与运行阶段有所差异，但启动验收阶段缺陷严重等级的判定，要按照运行阶段执行；如出现界定不清的情况，需经有关部门或上级部门研究确定。

3. 消缺和验收

（1）缺陷处理人员应严格按照缺陷处理质量要求，在规定时限内及时组织消缺，确保"一次做对、消必消好"。缺陷消除后，应按照设备制造运输、施工安装、运行维护等阶段相应的验收标准进行验收。

（2）重大、紧急缺陷通过临时处理降低了严重程度，但未完全消除的，应进行降级处理。原缺陷应视为已处理完毕，降级后的缺陷应作为新缺陷进行登记。

（3）在设备生产制造、检验过程发现的质量缺陷，应在产品发运前处理完毕；在运输和施工安装阶段发现的质量缺陷，应在工程投产前处理完毕。对于新建、改扩建及修理项目，重大及以上设备缺陷未处理完毕的不得投产；暂不具备整改条件且不影响送电及运行的一般缺陷，需经启委会同意后方可投运，投运后由建设单位（业主项目部）协调相关责任单位限时进行消除，并由设备运维部门复检、签证合格后，方可移交生产运行；项目移交时仍未处理完毕的一般缺陷将作为工程遗留缺陷，由建设单位（业主项目部）跟踪处理并对相关责任单位进行考核处罚。

4. 反馈

缺陷消除后，缺陷原因应填报完整，并根据缺陷原因分类，将缺陷反馈至相关责任方进行改进。

5. 统计分析

（1）消缺率、消缺及时率的计算。统计期间内应消缺的缺陷项数：包括统计期间内已存在和新发现的且按规定在统计期内应消缺的缺陷总数。

$$\text{缺陷消缺率}=\frac{\text{统计期间内应消缺并已消缺的缺陷项数}}{\text{统计期间内应消缺的缺陷项数}}\times 100\%$$

$$\text{消缺及时率}=\frac{\text{统计期间内应消缺且按时限消缺的缺陷项数}}{\text{统计期间内应消缺的缺陷项数}}\times 100\%$$

（2）指标控制。

1）运维阶段：设备重大及以上缺陷消缺率和消缺及时率应为100%，一般缺陷消缺率与消缺及时率不低于85%；统计范围为设备运维单位所辖设备，统计周期为月度、季度、年度。

2）物资阶段：设备重大缺陷消缺率应为100%，一般缺陷消缺率不低于90%；统计范围为单个新建/改建/扩建项目物资，统计时限为中标通知发出日至到货验收。

3）施工安装阶段：设备重大及以上缺陷消缺率应为100%，一般缺陷消缺率不低于95%；统计范围为单个新建/改建/扩建项目，统计时限为项目开工至竣工投产。

（二）设备缺陷的处理时限

（1）紧急缺陷：消除时间或立即采取措施以限制其继续发展的时间不得超过24h。

（2）重大缺陷：消除时间原则上不超过7天。但由于电网运行方式或其他特殊情况的原因，无法及时处理的缺陷，经本单位技术主管领导同意及各级调度部门批准后，可适当延长处理时限。在此期间必须安排缺陷的跟踪、试验、检查或采取措施，以免发展成为紧急缺陷。

（3）一般缺陷：消除时间原则上在一个季度（180天）内安排处理，属下列情况之一的一般缺陷，应及时处理或列入下一个月的生产计划予以消除（不需要停电处理、可带电作业处理、经调整运行方式，使缺陷设备停电但不影响正常供电），或根据电网运行方式及缺陷实际情况，上报申请，消除缺陷；必须停电处理的一般缺陷，应在发现缺陷后的第一次停电时消除。

（4）其他缺陷：处理时限不作具体要求。

缺陷处理时限见表1-2-4。

表1-2-4　　缺陷处理时限

缺陷等级	物资阶段	施工安装阶段	运维阶段 （除二次设备）
紧急缺陷	—	立即消除	24h
重大缺陷	30天	30天	7天
一般缺陷	90天	90天	180天
其他缺陷	—	—	—

四、缺陷的处理流程

（1）配网设备缺陷的处理工作在县级公司内部闭环完成。

（2）设备缺陷的管理流程应包括缺陷的发现、报告、受理分析、处理、验收、反馈6个环节，一般流程如图1-2-1所示。

（3）按照缺陷/隐患处理流程（见图1-2-1），班组、供电所做好缺陷/隐患的发现、报告、现场处理、验收等环节的闭环管控，并在时限要求内完成处理，提升设备消缺率。因客观原因暂时不具备条件处理的，必须采取降级措施，进行降级处理。对于重复性和多发性缺陷/隐患进行初步原因分析，制定预控措施。

（4）紧急缺陷经处理后，虽未能彻底消除，但性质减轻，情况缓和，可根据实际情况，降为重大或一般缺陷。

（5）重大缺陷经处理后，虽未能彻底消除，但性质减轻，情况缓和，可降为一般缺陷。

（6）设备缺陷消除后，运行单位应对处理的结果进行认真验收，确认缺陷已被消除。若还有因客观原因尚未完全消除的缺陷，应重新纳入缺陷流程管理程序。

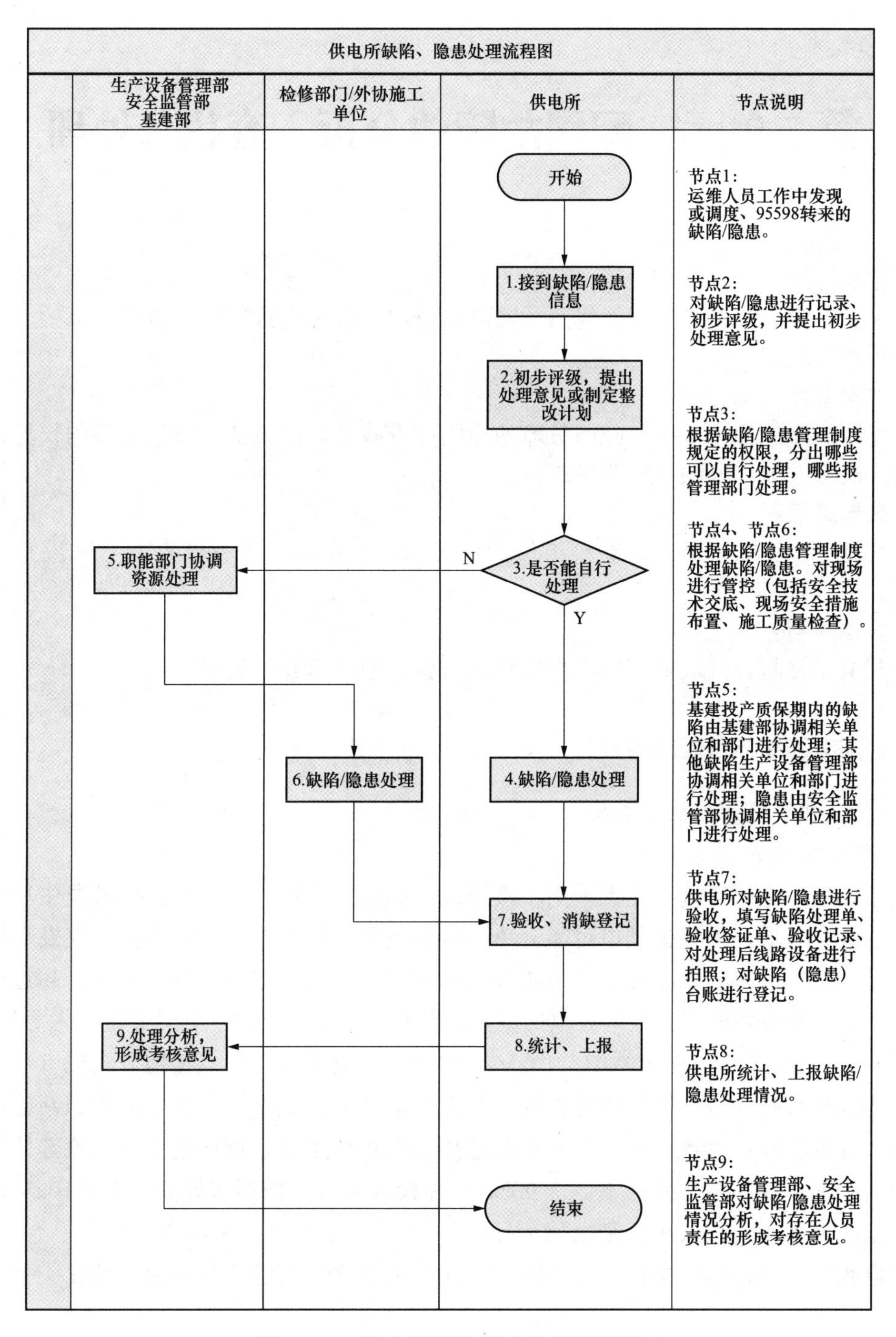

图 1-2-1 供电所缺陷/隐患处理流程图

（7）缺陷经处理、验收后的两个工作日内，应将相应的文档归档，以完成缺陷处理流程的闭环管理。

（8）缺陷处理流程应逐级监督，发现任何环节在处理时限上有超期现象，应立即指正，并要求其说明原因。

第三单元　配网故障的分析、查找与处理

教学目的：

通过教学使学员掌握配网线路故障分析方法、故障查找方法、查找故障的安全注意事项及处理。

教学重点：

配网故障的种类，引起配网故障的原因；查找故障的方法，查找故障的仪器仪表使用；故障的处理方法及安全措施。

教学难点：

通过分析 10kV 配电线路继电保护原理和保护范围，确定线路故障区段和故障类别。

教学内容：

配电线路与台区故障分析，配电线路与台区故障查找与处理。

一、配电线路与台区故障分析

（一）配电线路常见故障类型

1. 单相接地故障

我国 10kV 电压等级中性点采用不接地或经高阻抗接地方式，线路设备发生单相接地时仅流过电容电流，为保证供电可靠，单相接地故障时保护不作用于跳闸，仅发母线绝缘监测信号，提示发生了单相接地，按照以前的规定，线路可继续运行两小时，超过两小时要进行强跳。但最新的《中国南方电网有限责任公司 20kV 及以下电网装备技术导则》（简称《导则》）中要求新建变电站中，10kV（20kV）配电系统中性点接地方式应首选小电阻接地方式，在运变电站单相接地故障电容电流不超过 10A 的配电系统，应按照新建原则进行改造；或可保留不接地方式。但不论新建还是在运变电站，都应配备小电流选线跳闸保护装置（装置选线跳闸准确率不低于 90%），并投入跳闸。按照《导则》看，10kV 永久性单相接地故障不再允许长时间带故障运行。

配电线路单相接地，是指三相线路中一相与大地之间绝缘损坏击穿，常见类型有以下几类。

（1）外力作用引起的单相接地故障：由外力引发的杆、塔位移倾倒；绝缘子断裂；山体塌方、地基陷落造成树木倒落等外力作用引起的线路设备单相接地故障。

（2）污秽引起的单相接地故障：配电线路绝缘子、柱上断路器、隔离开关、跌落式熔断器等污秽引起的单相接地故障。

（3）雷电过电压引起的单相接地故障：雷电过电压导致线路绝缘子炸裂、线路避雷

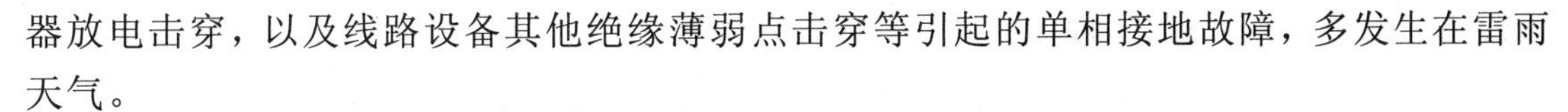

器放电击穿，以及线路设备其他绝缘薄弱点击穿等引起的单相接地故障，多发生在雷雨天气。

2. 短路故障

配电网常见的短路故障有以下几类。

（1）按短路的类型划分。

1）三相短路，是电力系统中危害最严重、产生短路电流最大的短路，此种短路继电保护装置必须立即动作，切除故障。

2）两相短路，是电力系统中 A、B、C 三相之间任意两相发生短路，此种短路的危害性和产生的短路电流比三相短路要小，必须在很短的时限内由继电保护装置切除故障。

3）两相接地短路，由于 10kV 配电系统常用中性点不直接接地方式，发生单相接地时仅流过不大的电容电流，不直接作用于跳闸。在 10kV 配电系统中，当同一线路或不同线路的不同两相同时发生接地时，不同相别的两相通过大地形成回路，就构成了两相接地短路故障。

（2）按短路故障持续时间划分。

1）瞬时性短路故障。线路发生短路的瞬间，继电保护装置动作，变电站出口断路器跳闸。由于故障点在短路瞬间自动消除或由下一级断路器切除，变电站出口断路器重合闸成功，非故障段线路正常供电。

主要形式有：线路引流线断线弧光短路；拉合跌落式熔断器、隔离开关弧光短路；鸟类、鼠类等小动物引起的短路；风偏引起的相间放电；雷电瞬间闪络短路故障等。

2）永久性短路故障。线路发生短路后，继电保护装置动作，断路器跳闸。重合闸不成功，整回线路失电。

主要形式有：由外力引起的倒杆断线短路；树木倒落在线路设备上引起的短路；线路设备绝缘击穿损坏引起的短路；电力电缆中间头、终端头击穿引起的短路。

（二）配电线路保护特性与故障区段判别

线路发生故障跳闸时，快速找到线路故障点，尽快恢复用电户的生产、生活用电是供电所配网运维人员的重要任务。下面就三段式保护的保护范围及原理进行分析，以提升配电线路故障判别排查能力。

10kV 配电线路普遍采用三段式电流保护，即电流Ⅰ段保护（电流速断保护）、电流Ⅱ段保护（限时电流速断保护）、电流Ⅲ段保护（定时限过电流保护），三段保护的特性及保护范围各有特点。

1. 电流速断保护

（1）电流速断保护原理（见图 1-3-1）。配电网中电气设备发生故障时，短路电流很大。如果预先通过计算，将此短路电流整定为继电器的动作电流，就可对故障设备进行保护。电流速断保护正是根据这个原理而实现的。为了保证动作的选择性，根据短路的特点（故障点越靠近电源，则短路电流越大），限时电流速断保护、定时限过电流保护是带有动作时限的，而电流速断保护则不带动作时限，即当短路发生时，立即动作而切断故障，其没有时限特性，常用来和过流保护配合使用。速断保护不能保护线路全长，只能有选择性地保护线路一部分，余下部分为速断保护的死区。

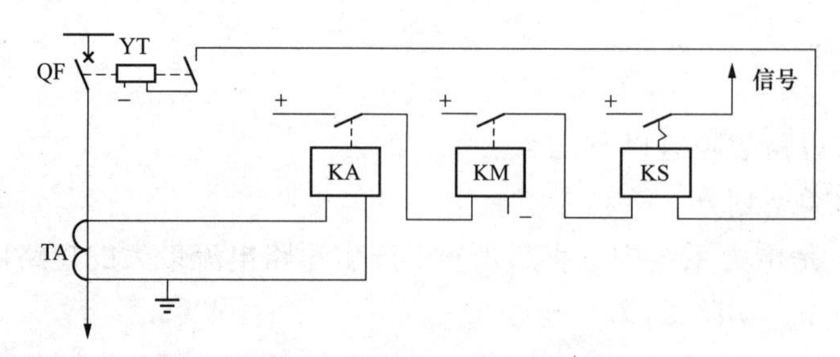

图 1-3-1　电流速断保护原理图

电流速断保护的组成包括启动元件（电流继电器 KA）、信号元件（信号继电器 KS）和出口原件（中间继电器 KM）等三部分。当一次线路发生短路时，电流继电器 KA 瞬时动作，接通中间继电器 KM 和信号继电器 KS，KS 给出信号，KM 接通断路器 QF 的跳闸线圈 YT 的回路，使断路器 QF 跳闸，快速切除短路故障。

（2）电流速断保护的整定。速断电流保护应躲过保护线路末端的最大短路电流 $I_{kB.max}$，只有这样整定，才能避免在后一级速断保护所保护线路首端发生三相短路时前一级速断保护误动作的可能，确保前后两级速断保护的动作选择性。

如图 1-3-2 所示，K1 与 K2 两点短路时流过保护 1 的短路电流差别不大，保护 1 无法区分本线路末端短路和后段线路首端的短路。为优先保证选择性，保证 L2 线路首端短路时保护 1 不启动，保护 1 的整定动作电流必须大于 K1 点可能出现的最大短路电流（在最大运行方式下该点发生三相短路时的电流）。即

$$I_{op1}^{I} = K_{rel}^{I} I_{kB.max}$$

式中　I_{op1}^{I}——保护 1 的电流 I 段整定值；

K_{rel}^{I}——保护的电流 I 段可靠系数，取 1.2～1.3；

$I_{kB.max}$——最大运行方式下 K1 点发生三相短路时的电流。

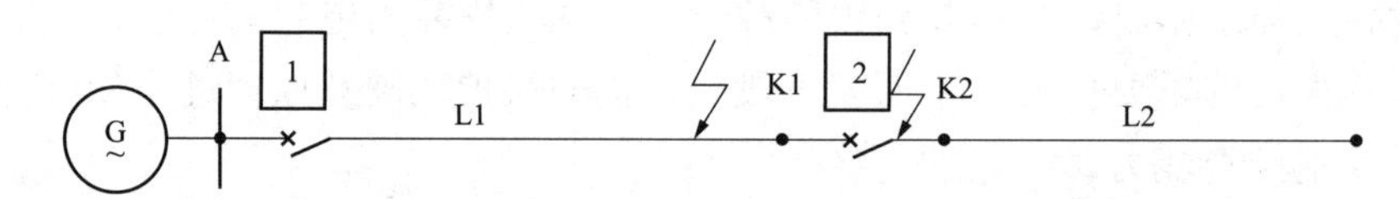

图 1-3-2　电流速断保护动作逻辑图

（3）故障类别及范围分析。根据以上分析，电流速断保护在本线路末端短路时保护不能启动，也就是该保护不能保护线路全长。电流速断保护的保护范围，一般为系统最大运行方式下发生短路时，保护范围最大，占线路全长的 50%左右；而当线路处于最小运行方式时，保护范围最小，占线路全长的 15%～20%。因此可以得出结论，当线路发生电流速断保护动作时，故障类型属于短路，故障范围位于线路前段（靠近变电站侧）。

2. 限时电流速断保护

（1）限时电流速断保护原理（见图 1-3-3）。限时电流速断保护（电流Ⅱ段保护），能以较短的时限快速切除全线范围内故障的保护。电流速断保护一般没有时限，不能保护线路

全长（为避免失去选择性），即存在保护的死区，为克服此缺陷，常采用限时电流速断保护以保护线路全长。

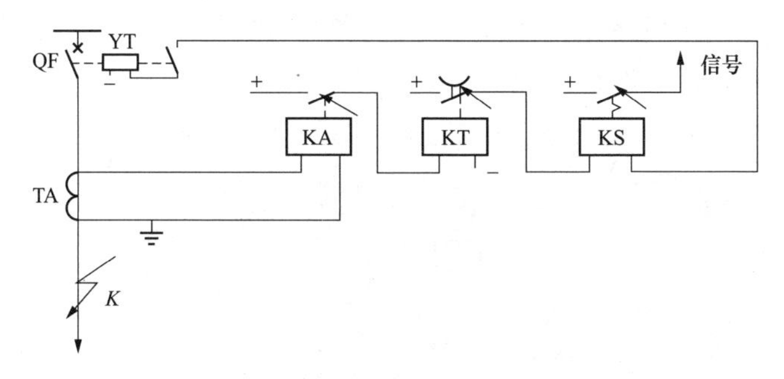

图 1-3-3　限时电流速断保护原理图

限时电流速断保护的组成包括启动元件（电流继电器 KA）、信号元件（信号继电器 KS）和限时元件（时间继电器 KT）等三部分。当一次线路发生短路时，电流继电器 KA 瞬时动作，接通时间继电器 KT，经过整定的时间后，其延时触点闭合，使串联的信号继电器 KS 通电动作，KS 给出信号并接通断路器 QF 的跳闸线圈 YT 的回路，使断路器 QF 跳闸，快速切除短路故障。

（2）限时电流速断保护的整定。限时电流速断保护要求在任何情况下能保护本线路的全长，并具有足够的灵敏性，具有最小的动作时限，兼做电流速断保护的后备保护。

如图 1-3-4 所示，当 K2 点发生短路故障时，保护 1 的电流Ⅰ段不启动，电流Ⅱ段启动，但延时未动作，此时由保护 2 电流Ⅰ段起动跳开断路器 2，保护 1 电流Ⅱ段返回。即

$$t = \Delta t$$

$$I_{op1}^{\text{II}} = K_{rel}^{\text{II}} I_{op2}^{\text{I}}$$

式中　I_{op1}^{II}——保护 1 的电流Ⅱ段整定值；

I_{op2}^{I}——保护 2 的电流Ⅰ段整定值；

K_{rel}^{II}——保护的电流Ⅱ段可靠系数，取 1.1～1.2；

Δt——动作时限一般取 0.5s。

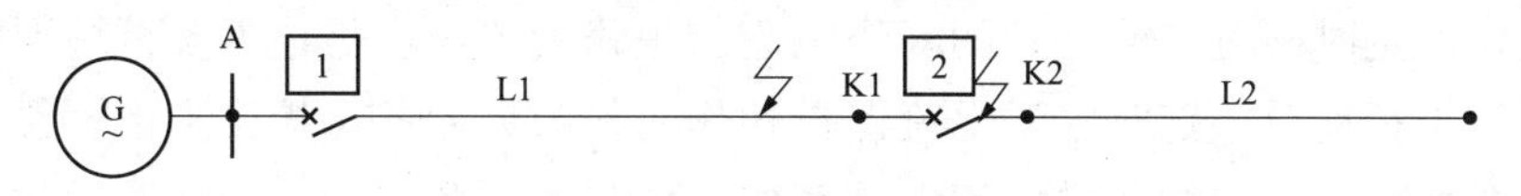

图 1-3-4　限时电流速断保护逻辑图

（3）故障类别及范围分析。限时电流速断保护的保护范围为被保护线路的 100%，延伸到下一级相邻线路的部分不超过它的无时限电流速断保护的范围。保护装置同时设有延时继电器，在与速断保护装置配合使用时，一般在线路后段发生故障时才动作跳闸。若电流速断保护与限时电流速断保护同时动作，表明故障点位于速断保护与限时速断保护的共同范围，故障点大多位于线路中后段。当线路发生限时电流速断保护动作时，故障类型属于短路。

3. 定时限过电流保护（电流Ⅲ段保护）

（1）定时限过电流保护原理（见图 1-3-5）。定时限过电流保护是根据线路负荷电流整定的，其动作一般与线路短路无关，可作为本线路主保护拒动的近后备保护，也可作为下一级线路保护拒动的远后备保护。

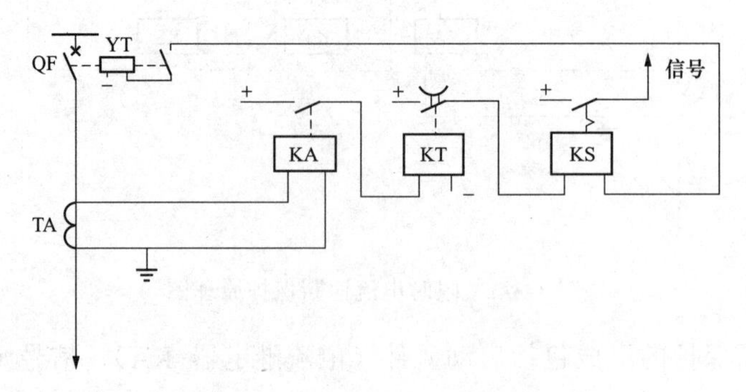

图 1-3-5　定时限过电流保护原理图

定时限过电流保护的组成包括启动元件（电流继电器 KA）、信号元件（信号继电器 KS）和限时元件（时间继电器 KT）等三部分。当一次线路发生过负荷时，电流继电器 KA 动作，接通时间继电器 KT，经过整定的时间后，其延时触点闭合，使串联的信号继电器 KS 通电动作，KS 给出信号并接通断路器 QF 的跳闸线圈 YT 的回路，使断路器 QF 跳闸，切除过负荷线路运行。

（2）定时限过电流保护的整定。

$$I_{\mathrm{DZIII}} \geqslant \frac{K_{\mathrm{k}} \times I'_{\mathrm{gfh}}}{K_{\mathrm{fh}}}$$

式中　K_{k}——可靠系数，要求 $K_{\mathrm{k}} \geqslant 1.3$；

I'_{gfh}——线路最大负荷电流，综合考虑线路所供变压器容量、线路安全载流量及 TA 一次额定值；

K_{fh}——返回系数，微机型保护取 0.95～1。

（3）故障类别及范围分析。定时限过电流保护可以保护本线路全长，同时还可以保护相邻线路全长。定时限过电流保护的动作电流与短路无关，它是根据负荷情况来整定的。当本线路主保护拒动时，定时限过电流保护动作，作为近后备保护；当下一级线路主保护拒动或断路器拒动时，定时限过电流保护动作，作为远后备保护。当线路发生定时限过电流保护动作跳闸时，要分析线路是否过负荷，若线路未过负荷，可重点检查靠近线路首端的大容量配电变压器是否存在低压侧短路。

4. 配电网零序保护

零序保护指利用线路接地时产生的零序电流、零序电压使保护动作的装置。保护只反映单相接地故障，因为系统中的其他非接地短路故障不会产生零序电流。10kV（20kV）电网为中性点不接地系统或经消弧线圈接地系统，零序电流保护一般不直接作用于跳闸，仅仅动作于告警。

（1）配电网中性点运行方式。

电力系统中性点是指三相绕组作星形连接的变压器和发电机的中性点。电力系统中性点与大地间的电气连接方式，称为电力系统中性点接地方式（即中性点运行方式）我国电力系统广泛采用的中性点接地方式主要有中性点经消弧线圈接地（见图 1-3-6）、中性点不接地（见图 1-3-7）、中性点直接接地（见图 1-3-8）三种。

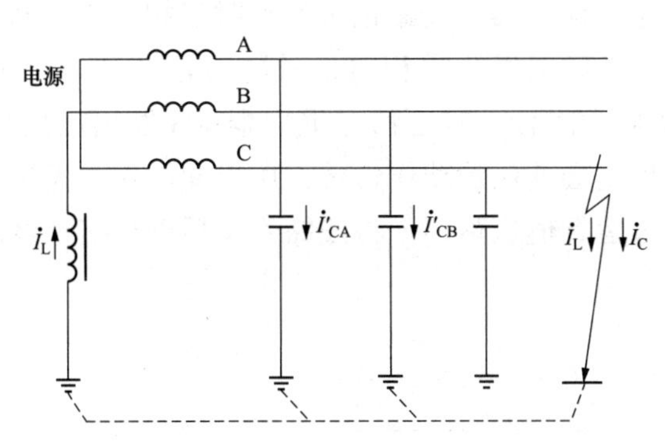

图 1-3-6　中性点经消弧线圈接地系统

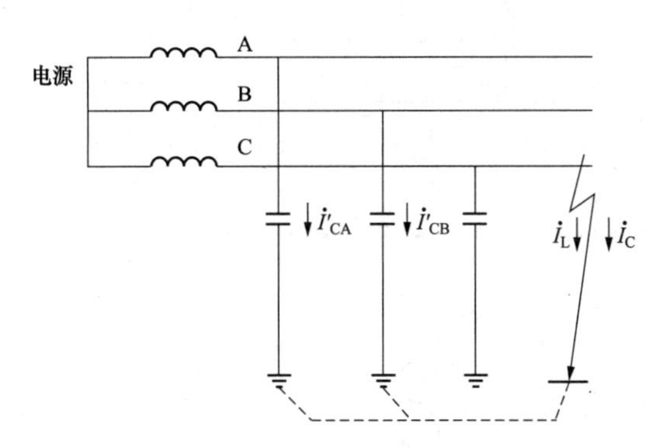

图 1-3-7　中性点不接地系统

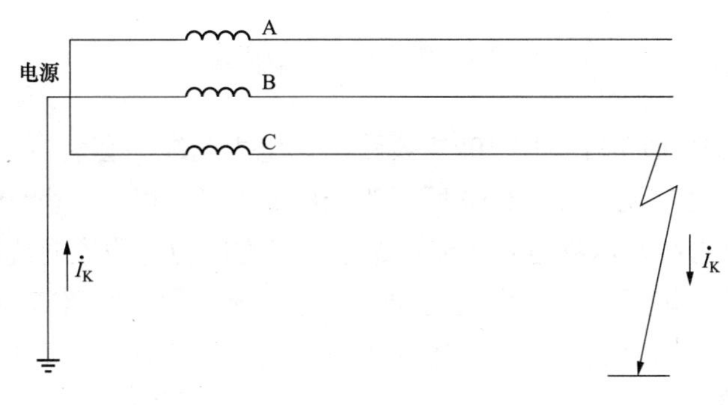

图 1-3-8　中性点直接接地系统

中性点不接地系统和中性点经消弧线圈接地系统，单相接地故障时，中性点对地电压、各相对地电压都发生变化，但由于线电压保持不变，对电力用户没有影响，用户可继续运行，提高了供电可靠性。这两种系统必须装设交流绝缘监察装置，当发生单相接地故障时，发出报警信号或指示，以提醒运行值班人员注意，及时采取措施。

中性点直接接地系统发生单相接地故障时，接地电流很大，必须立即切除故障部分，中断用户供电。这种系统多用在 110kV 及以上系统。

（2）配电网零序保护原理。

1）零序电压保护。如图 1-3-9 所示，变电站内三相五柱式电压互感器一次绕组星形接线，基本二次绕组也采用星形接线，二次 100V 电压供测量使用。辅助二次绕组开口三角形接线，开口端接有电压继电器，线路正常运行时三相电压平衡，开口端电压为零（或有很小的不平衡电压）。当线路发生单相接地故障时，打破电压平衡状态，开口端出现零序电压，电压继电器触头闭合，接通信号继电器 KS 发出接地信号。接于该段母线的所有 10kV 线路发生接地均会使保护动作告警，所以此种保护无选择性，无法判断是哪一条线路接地，一般要经过运行值班员逐一将线路停电后确认接地线路，再通知线路运维人员排查故障。

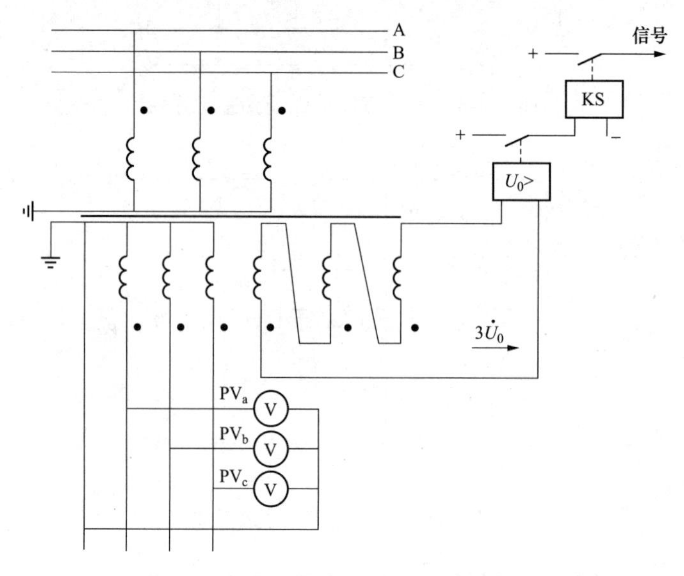

图 1-3-9　零序电压保护原理图

2）零序电流保护。通常在每回 10kV 线路出口电力电缆上套装零序电流互感器来采集单相接地故障时的电容电流。图 1-3-10 所示为当线路 II A 相发生单相接地故障时，对于非故障线路，零序电流为线路本身电容电流，零序电流方向为母线流向线路；对于故障线路，零序电流为全系统非故障元件电容电流之和，零序电流方向为线路流向母线。采集到故障线路零序电流后，经过微机选线装置对零序电流的大小和方向进行分析，即可选择出发生单相接地故障的线路。

（三）配电台区常见故障类型

低压配电台区点多面广，接线复杂，用户缺乏足够的安全用电知识，这就要求配网运维人员提前分析研究有可能发生的故障，做到心中有数，安全、快速地处理各类低压台区故障。

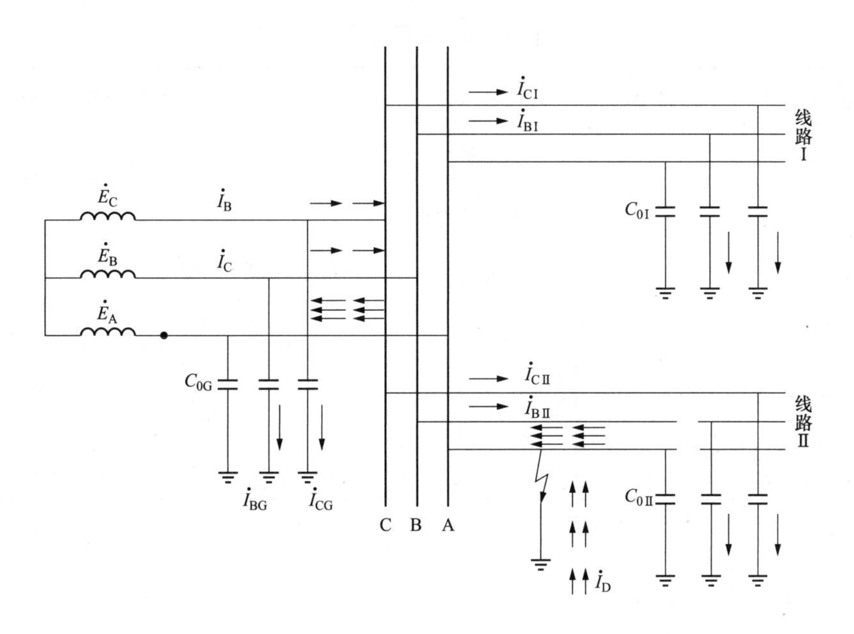

图 1-3-10　零序电流保护原理图

1. 短路故障

指由绝缘老化、架空裸导线弧垂过大、雷击、外力破坏等引起低压相间短路。

2. 相线接地故障

相线接地通常也叫火线接地，相线接地时接地电流通过大地流回变压器中性点，将在变压器工作接地周围产生跨步电压，危及人、畜生命安全。

3. 零线断线故障

零线断线故障多数由外力破坏、接头发热烧断等引起。零线断线故障分为干线零线断线和分支线零线断线两种情况。零线断线将形成中性点位移，致使三相电压不平衡，过电压烧坏家电设备。

4. 雷击过电压故障

雷雨天气时，配电台区易遭受雷击引起的设备绝缘击穿或损坏。

（四）配电台区保护特性

配电台区的保护普遍采用高压侧跌落式熔断器保护，低压侧塑壳式空气断路器保护的方式。高压熔断器及空气断路器保护具有反时限保护特性，即故障电流越大，熔丝熔断或断路器跳闸的时间越短。

低压断路器保护特性如表 1-3-1 所示。低压断路器能在短路、过负荷和失压情况下自动跳闸，切除故障部分，使系统其他部分正常运行，当故障消除后，合上低压断路器即可恢复供电。按脱扣类型的不同，低压塑壳断路器分为 B、C、D 三类，B 型属于高灵敏度断路器，C 型用于配电，D 型用于电动机保护。过负荷越严重，断路器跳闸时间越短，一般故障电流在额定电流的 10 倍时瞬时跳闸。

表 1-3-1　　低压断路器保护特性

试验	脱扣类型	试验电流	起始状态	脱扣或不脱扣的时间极限	预期结果
a	B、C、D	$1.13I_N$	冷态	$t \leqslant 1h$	不脱扣
b	B、C、D	$1.45I_N$	紧接着试验	$t < 1h$	脱扣
c	B、C、D	$2.55I_N$	冷态	$1s < t < 60s$（对 $I_N \leqslant 32A$）	脱扣
				$1s < t < 120s$（对 $I_N > 32A$）	
d	B	$3I_N$	冷态	$t \leqslant 0.1s$	不脱扣
	C	$5I_N$			
	D	$10I_N$			
e	B	$5I_N$	冷态	$t < 0.1s$	脱扣
	C	$10I_N$			
	D	$16I_N$			

注　术语“冷态”指在基准校准温度下，试验前不带负荷。

二、配电线路与台区故障查找与处理

（一）故障查找处理安全要求

（1）故障查找处理工作应由经批准的有工作经验的人担任。

（2）单人处理故障时，不得攀登杆塔或台架。

（3）在未得到调度许可，确认开关状态前，应始终认为线路、设备带电，严禁触碰设备检查，明知线路、设备已停电，亦应视为带电，故障处理过程中与线路、设备保持足够的安全距离。

（4）高压电气设备发生接地时，室内不得接近故障点 4m 以内，室外不得接近故障点 8m 以内。进入上述范围人员必须穿绝缘靴，接触设备的外壳和构架时，应戴绝缘手套。

（5）巡视人员发现导线断落地面或悬吊空中，应设法防止行人靠近断线地点 8m 以内，并迅速报告上级。

（6）故障隔离抢修时必须有防止反送电的措施（用户自备发动机等）。

（二）配电线路故障查找处理方法

10kV 配电线路具有线路长、支线多、设备多、入地电缆多等特点，如果故障排查方法不是最优，将导致查找进度缓慢，迟迟不能供电。长时间的停电将使用电户生产生活受到损失。因此如何快速复电是每一个供电所配电人员应该掌握的基本技能，下面对配电线路故障排查的方法进行分析和总结：

（1）要根据继电保护装置动作情况，确定配电线路故障类型和范围。

1）电流 I 段保护（电流速断保护）动作跳闸，应判断故障点位于线路前段，因为短路

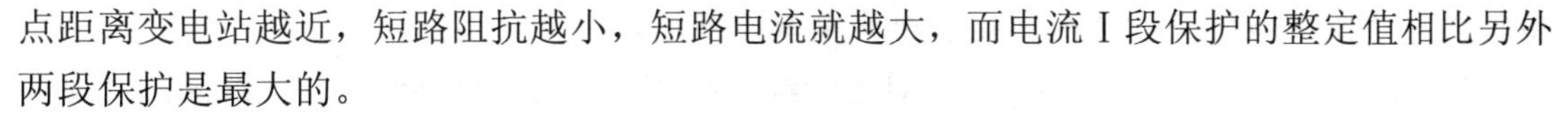

点距离变电站越近，短路阻抗越小，短路电流就越大，而电流Ⅰ段保护的整定值相比另外两段保护是最大的。

2）电流Ⅱ段保护（限时电流速断保护）动作跳闸，应判断故障点位于线路中后段。只要是电流Ⅰ段、Ⅱ段保护动作，基本可以确定故障类型属于短路。

3）电流Ⅲ段保护（定时限过电流保护）动作跳闸，应判断线路过负荷运行，需进行局部限电或者负荷转接。

当然，在一些特殊情况下，线路前段搭接的变压器低压侧短路，低压断路器拒动、高压熔丝用铜丝代替无法短时熔断时，也会越级到线路电流Ⅲ段保护动作跳闸。在配电网中，线路长度超过 10km 的很多，有的甚至超过 20km，根据保护动作情况，正确的判断故障点的大致位置，对节省故障排查时间，提高工作效率具有重要意义。

（2）要合理组织人员分工，结合故障巡视人员技术技能特点、身体状况、安全意识等合理分组，不窝工、怠工。

（3）要充分利用自动化设备动作信息指导巡视排查工作。在有条件的供电所，要利用配网自动化设备报送的故障信息，配网自动化设备可将故障点缩小到一定范围内，运维人员可根据短信提示或者到自动化主站查看故障点的大致区段，从而缩短故障排查时间；还要结合线路故障指示器翻牌动作情况、柱上断路器跳闸情况等，逐步缩小巡视排查范围；巡视过程中应与服务调度班保持联系，及时获取用电户故障信息，争取最短的时间内恢复供电正常。

（4）采用“二分法”排查故障。

1）“二分法”定义。“二分法”指在 10kV 线路故障跳闸后且故障点不明确的情况下，利用“二分点”开关进行故障隔离，获取一次性复电 50%线段的方法。

2）具体执行原则。在 10kV 线路故障停运后，先断开“二分点”开关，将线路大致分为前、后两段，由变电站侧出线断路器先恢线路前段供电，若送电成功，则由线路所属运行单位组织对后段进行故障查处，尽快恢复供电；若送电不成功，先通过转供电方式恢复线路后段供电，再由线路所属运行单位组织对前段进行故障查处，尽快恢复供电。

3）“二分点”设置。指在 10kV 线路故障停运后，有利于进行故障隔离并恢复重要用户或部分用户供电的关键干线分段开关，包含架空线路柱上断路器或负荷开关，以及开关站、配电站内的断路器或负荷开关。针对接线方式特殊的 10kV 线路，“二分点”也可以设置在支线开关处。

4）强送电。线路故障跳闸后未经处理即行充电或送电。

5）试送电。线路故障后经处理后的首次充电或送电。包含对线路设备采取首次分段隔离或初步检查。

（5）线路故障分段排查法。运用绝缘电阻表进行故障测试，测试前先隔离线路上采用中性点直接接地方式的电压互感器。

1）确认变电站断路器转冷备用后，分组进行绝缘电阻测试，在线路干线中段选一分段点将故障线路分段，分别在两端摇测对地绝缘电阻值。若故障在后段，可将后段线路隔离后报告值班调度员试供前段。若故障段确定在线路前段，短时间无法修复的，后段线路具备转供电条件，应先进行负荷转接后再修复前段线路。

2）若干线分段测量后前段、后段对地绝缘电阻值都为零，可逐步拉开支线隔离开关或断路器，每拉开一处测量一次绝缘电阻，当拉开某支线后绝缘正常了，则可判断故障点位于该段支线上。保持好该支线的隔离状态，恢复其余部分供电。

3）测量绝缘电阻时要注意，通常情况下只能测量线路设备对大地的绝缘电阻值，因为相间通过变压器、互感器的线圈形成回路，相间绝缘电阻始终为零。当然，在接有变压器很少的线路，可以拉开变压器跌落保险测量线路相间绝缘电阻值。

（6）要迅速隔离故障段，尽快恢复非故障段的供电。在故障巡视排查中，找到故障点后，应立即将其隔离，与值班调度员联系后，恢复非故障区域的供电。不能等到故障处理完毕才恢复线路运行。在城市配网中，线路分段率、联络率都较高，具备隔离故障点的条件。

（7）要使用新技术、新设备提高线路故障排查的水平。当前有很多新设备可以辅助对线路故障进行排查。如电缆故障测试仪、架空线路接地定位仪等。

（三）配电台区接线方式与故障查找处理

低压台区具有供电半径短，接线方式简单，停电影响用户数少的特点，且各用户内部都装有剩余电流动作保护器开关，可迅速切除用户内部故障。

1. 配电台区典型接线

图 1-3-11 为配电台区典型接线方式，高压侧在 10kV 线路搭接，经引流线接到跌落式熔断器，10kV 避雷器装设在高压熔断器与变压器之间，低压侧由电缆引出接到 JP 柜（配电变压器综合配电柜）内，经低压断路器、电流互感器后引上到低压主干线。变压器中性点及外壳一并接地。

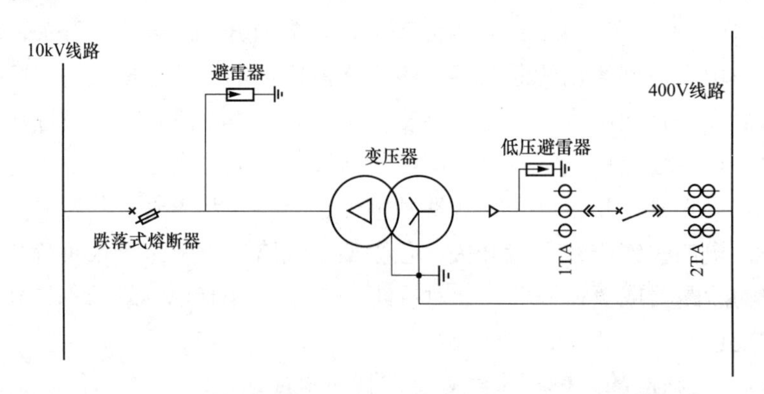

图 1-3-11　配电台区典型接线

配电台区的保护高压侧采用跌落式熔断器保护，大容量的采用柱上断路器保护，低压侧多数选用塑壳式低压断路器保护，具有短路、过载时跳闸的功能，为保证供电可靠性，公用台区一般不选择具备漏电保护功能的断路器。住宅小区、企事业单位等用户专变设有低压配电柜，总开关选用框架式低压断路器，除具有短路、过载保护外，还具备失压脱扣功能。

2. 配电台区典型故障处理

配电台区故障类型很多，一般性的接头烧断、接触不良等简单情况此处不做分析，下面就典型的配电台区常见故障进行分析。低压台区典型故障有短路故障、相（火）线接地故障、零线断线故障等。

（1）短路故障的查找处理。低压台区短路故障往往伴有异响和异味，到达故障现场后应首先询问当地用电户线路设备有无异常，根据用电户提供的线索及时找到故障点。在装设有支路开关或熔断器的回路，应检查开关有无跳闸，熔断器是否已熔断等情况，沿着有故障跳闸或熔断器熔断的支路顺藤摸瓜，就能快速发现故障点。配电抢修人员到达现场后，应首先确认台区低压断路器确已断开，然后再巡视排查故障点。在抢修工作中，线路设备未采取安全措施前，一定要视为线路带电，避免用户发电机对低压线路返供电的风险。

（2）相（火）线接地故障的查找处理。台区低压系统发生相线接地时（见图 1-3-12），接地电流在接地点通过大地流回变压器中性点形成回路，接地电流的大小取决于变压器工作接地处接地电阻以及导线接地处至变压器安装位置土壤电阻。即 $I=U/(R+r)$。

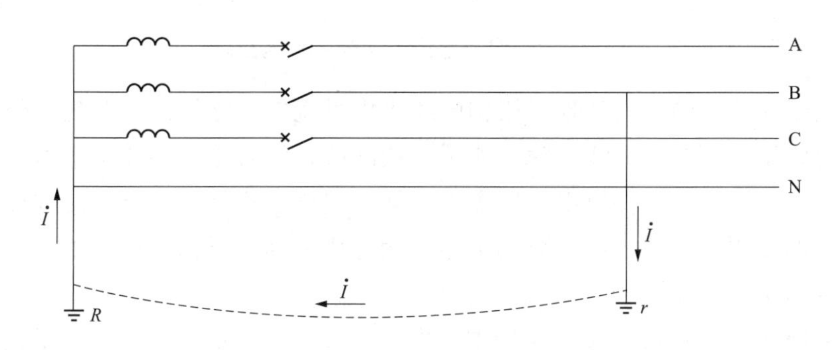

图 1-3-12 相线接地示意图

这个电流值一般不会引起低压断路器跳闸。相线接地故障是十分危险的，它不仅使接地相对地电压降低，导致该相用户不能正常用电，更为严重的是接地电流流过变压器接地体时，会在接地体周边一定范围内产生跨步电压，危及人、畜生命安全，所以必须立即排除故障。

如果一个台区零线带电，变压器工作接地引下线带电，则可判断该台区存在相线接地现象。由于低压线路有的敷设于室内，很多时候接地点很隐蔽，不易发现。低压主干线架设在电杆上，可以通过巡视的方式查找，排除故障点不在主干线后，对其余接户线、巷道线可以用钳形电流表法逐步查找故障点（见图 1-3-13）。由基尔霍夫定律可以知道，任一回路的电流总是流进等于流出，对两相供电的支线，将两根导线同时卡进钳形电流表的钳口，如果测量值为零，则说明该回路无漏电现象，因为流进的电流与流回的电流大小相等，方向相反，在钳口中产生的磁场相互抵消。同理，若是三相四线供电的支线，将四根导线同时卡入钳形电流表的钳口，若此回路有漏电存在，流进的电流不等于流回的电流，则能测量到一个漏电电流，顺藤摸瓜就能找到故障点了。

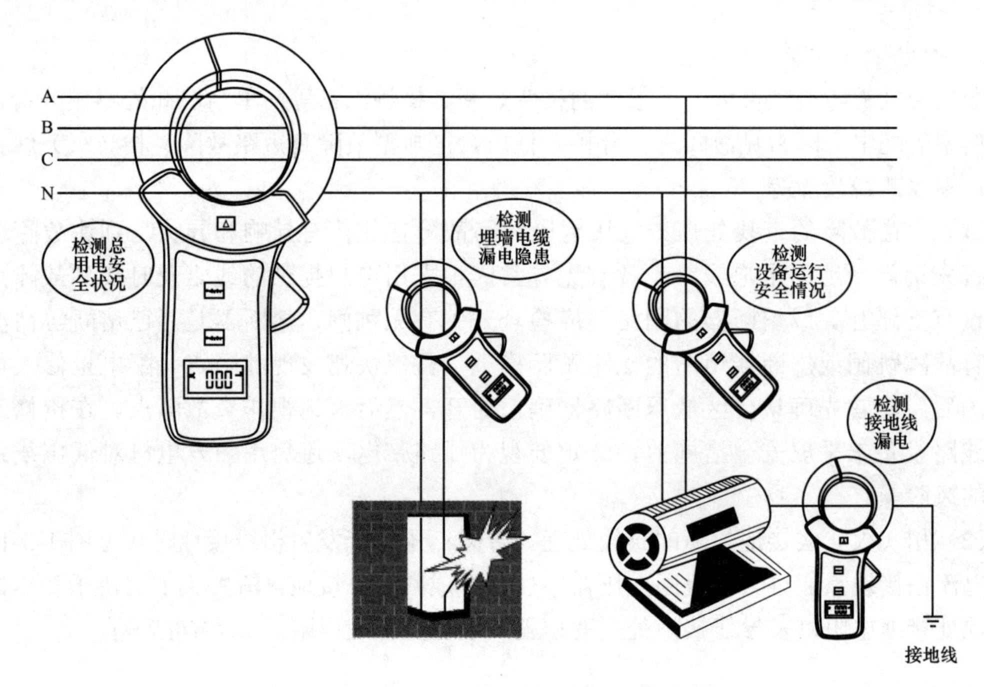

图 1-3-13　钳形电流表法查找接地故障

（3）零线断线故障的查找处理。三相四线供电系统中，零线由于发热、外力破坏、接头发热氧化等因素，会发生断线故障。如果零线断线，没有零线导通不平衡电流，负荷中性点将产生位移，造成三相供电电压严重不平衡。电压的不平衡程度，与各相负荷大小有关，负荷越大的那相电压越低，负荷越小的那相电压越高。三相负荷不平衡程度愈严重，负荷中性点位移量就越大。

如图 1-3-14 所示，在低压接零保护中若发生零线断线事故，就等于电器设备失去了保安措施，电器设备一旦漏电，人体触及家用电器外壳将会造成人身触电。由向量图分析，零线断线后中性点由 O 位移到 O' 位置，三相相电压 $\dot{U}_A$ 、 $\dot{U}_B$ 、 $\dot{U}_C$ 变为 U'_{ao} 、 U'_{bo} 、 U'_{co} 。

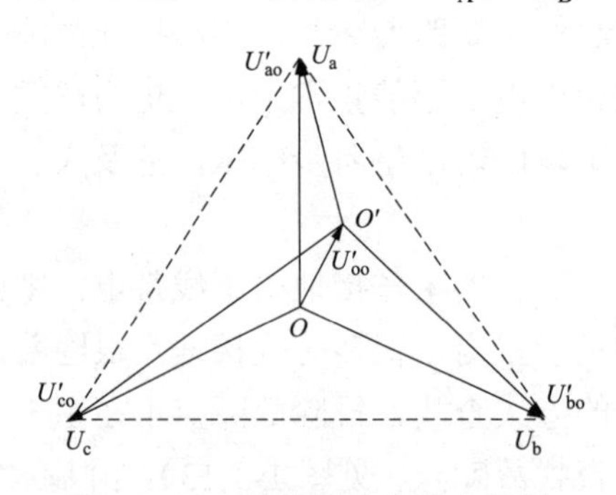

图 1-3-14　零线断线电压向量图

如图 1-3-15 所示，零线断线故障的查找，可以用“万用表法”和“测电笔法”。无论是零线干线断线还是三相四线供电的支线零线断线，都可以将零线分为断点前端和断点后端两部分。断点前端指的是零线断线发生后，仍然与变压器中性点及大地保持电气连接的部分；断点后端指的是零线断线后与大地失去电气连接的部分。万用表法就是用万用表在可疑的地段多次测量三相相电压值，如果测得三相数值都在 220V 左右，则所测量的区域零线未断线，在断线点前端；如果测量值不正常，有一相非常高或者非常低，则可判断该区域属于断线点后端，两者交界处就找得到零线断线点。测电笔法就是用低压测电笔选择不同点反复测试零线带电情况，断线点前端零线不带电（或测电笔显示较低的电压值），断线点后端零线带电，两者交界处就找得到零线断线点。

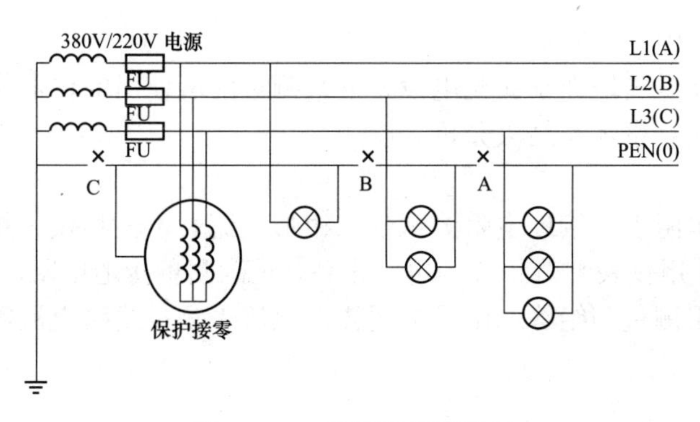

图 1-3-15　零线断线示意图

第四单元　测 量 与 测 试

教学目的：

通过教学，使学员培训掌握配电设备参数测量的所使用的仪器仪表，掌握设备参数测量的方法、注意事项及结果分析。

教学重点：

仪表（绝缘电阻表、接地电阻测试仪、钳形电流表、核相仪、相序表、测温仪）的正确使用，能使用仪表测量相关的电气设备，正确测量接地电阻，绝缘子电阻测量，配电设备直流电阻测量和绝缘电阻，会用钳形电流表测量线路电流等；并根据测量结果做出分析。

教学难点：

各种仪器仪表的更新换代速度仪快，导致大部分仪器仪表员工不会快速掌握仪器仪表的使用与维护方法，对日常线路巡视、故障判断、数据测试等工作中较常用绝缘电阻表、接地电阻表、钳形电流表、相序表、高压核相仪、测温仪使用与维护方法，如何正确高效使用仪器仪表测量数据分析，才能有效提升工作效率与诊断精度。

教学内容：

熟悉配电网常用仪器仪表的使用与维护方法，能独立进行设备测试操作。

配电网中常用仪器仪表绝缘电阻表、接地电阻表、钳形电流表、核相仪、相序表的使用进行重点介绍。熟悉配网电气维护常用电气仪表的使用及维护，能正确使用常用电气仪表。

一、绝缘电阻表

绝缘电阻表（俗称兆欧表、摇表）是一种专门用来测量被测设备的绝缘电阻的仪表。常用的绝缘电阻表外形如图 1-4-1 所示。

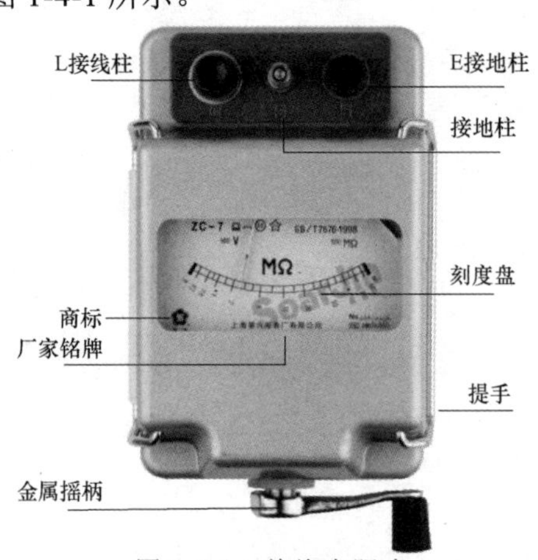

图 1-4-1　绝缘电阻表

（一）绝缘电阻表选择

根据测量对象和被测设备额定电压选择绝缘电阻表，如表 1-4-1 所示。

表 1-4-1　　绝缘电阻表选择　　单位：V

测　量　对　象	被测设备的额定电压	绝缘电阻表的额定电压
线圈绝缘电阻	<500 ≥500	500 1000
电力变压器、电机线圈绝缘电阻	≥500	1000、2500
发电机设备绝缘电阻	≤380	1000
电气设备绝缘电阻	<500 ≥500	500、1000 2500
绝缘子	—	2500、5000

（二）绝缘电阻表接线方法

（1）测量变压器绝缘电阻接线，在进行绝缘测量时将被测的变压器两线分别连于仪表 E 及 L 接线柱。在气候潮湿或雨雪后测量变压器绝缘电阻时，为得到精确数值，仪表 G 接线柱要与配电变压器瓷套管连接，如图 1-4-2 所示。

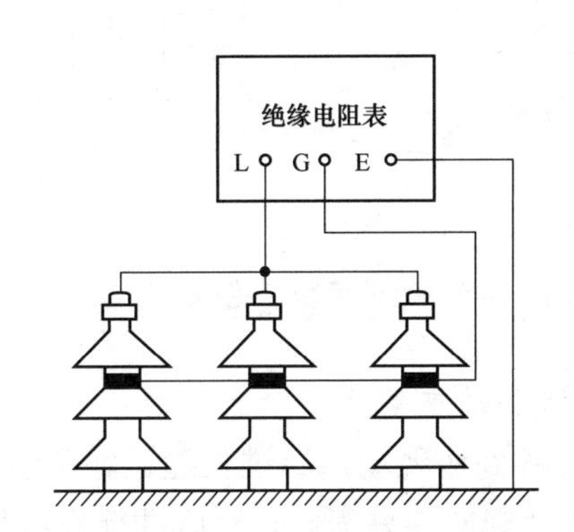

图 1-4-2　测量变压器绝缘电阻接线图

（2）测量线路对地绝缘电阻接线，在进行通地测量时（线的对地电阻），应将线路接于仪表的 L 接线柱上，而以接地线接于仪表 E 接线柱上，如图 1-4-3 所示。

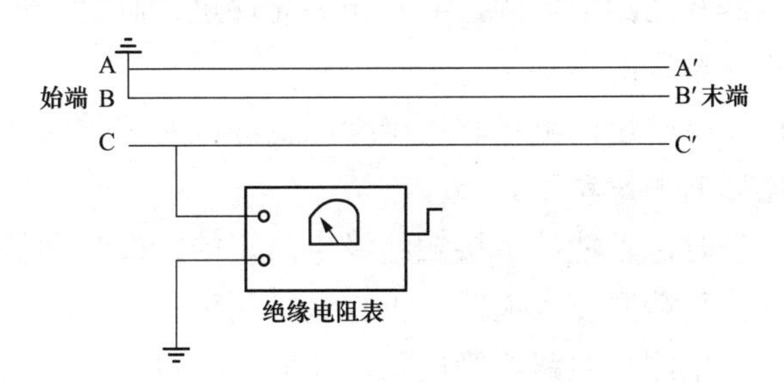

图 1-4-3　测量线路对地绝缘电阻接线图

（3）测量电缆绝缘电阻接线，在进行电缆芯对电缆壳的绝缘测量时，除将被测两端分别接于仪表 E 和 L2 接线柱处，还要将电缆壳芯之间的内层绝缘物接仪表 G 接线柱，以消除其因表面漏电而引起的读数误差，如图 1-4-4 所示。

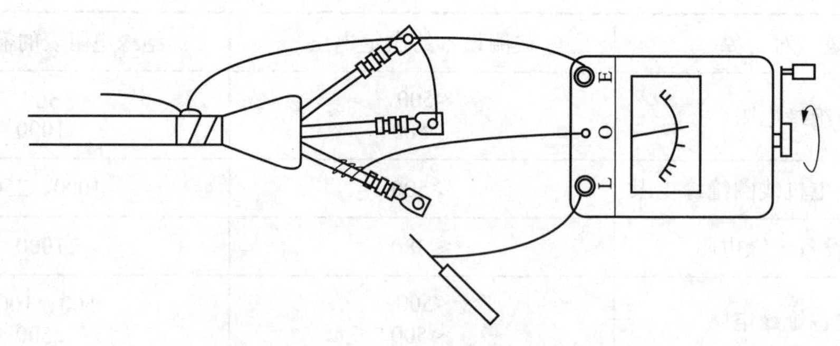

图 1-4-4　测量电缆绝缘电阻接线图

（4）测量绝缘子绝缘电阻接线，在进行绝缘子绝缘电阻测量时，将被测绝缘子的钢帽接仪表 L 接线柱，另一端接仪表 E 接线柱，如图 1-4-5 所示。

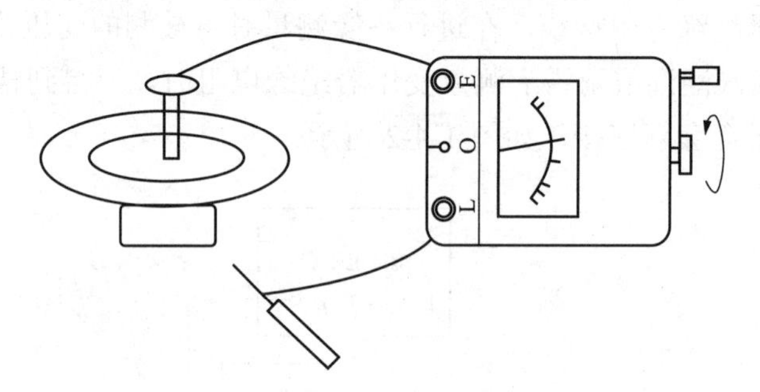

图 1-4-5　测量绝缘子绝缘电阻接线图

（三）绝缘电阻表使用方法和注意事项

（1）测量前，由于仪器设备到达现场，经过长途运输和装卸，所以试验前必须对仪器作必要的检查工作。首先检查外观应完好无损，然后进行设备检查，将绝缘电阻表放平稳，对绝缘电阻表进行开路试验，分开两条线 L 和 E 处于绝缘状态，摇动绝缘电阻表的手柄表针指向无限大（∞）为好；对绝缘电阻表进行短路试验，摇动绝缘电阻表手柄，将两只表笔瞬间搭接一下，表针指向“0”（零），说明绝缘电阻表正常。

（2）应切断被测电器及回路的电源，并对相关元件进行临时接地放电，以保证人身与绝缘电阻表的安全和测量结果的准确。

（3）绝缘电阻表接线柱引出的测量软线绝缘应良好，两根导线之间和导线与地之间应保持适当的距离，以免影响测量精度。

（4）摇动绝缘电阻表时，不能用手接触绝缘电阻表的接线柱和被测回路，以防触电。

（5）阴雨潮湿天气及环境湿度太大时，不宜进行测量。

（6）雷雨天气时，禁止测量线路绝缘电阻，在同杆架设的双回线路测量绝缘时，需将另一回线路同时停电，方可进行。

（四）绝缘电阻表测量操作步骤

（1）绝缘电阻表必须水平放置于平稳牢固的地方，以免在摇动时因抖动和倾斜产生测量误差。

（2）将被测试品接在仪表端钮 L 和 E 之间。接 E 与 L 的两引线不得缠绕在一起，如果被试品表面泄露较大，绝缘表面潮湿或脏污，应装上屏蔽环（可用软裸线在绝缘表面缠绕几圈）。

（3）摇动手柄，开始时应慢摇，以观察被测电气设备有无短路现象，如无短路，则将转速增至额定转速（约 120r/min）并保持不变，指针稳定于某个指示数值，即为被测设备绝缘电阻。

（4）读取数值后，应在手柄转动不停止的情况下，断开 L 端引线，然后才能停止摇转。

（5）测量完毕，应对被测物充分放电，在拆除测试线，否则容易引起触电事故。

（6）记录测试品名称、规范、装设地点及气候条件。

（五）绝缘电阻表测量电器绝缘电阻值规范要求

（1）电动机的绕组间、相线与相线、相线与外壳的绝缘电阻≥0.5MΩ；移动电动工具的绝缘电阻≥2MΩ。

（2）低压线路绝缘电阻：相线与相线间的绝缘电阻≥0.38MΩ，相线与零线间的绝缘电阻≥0.22MΩ。

（3）高压配电线路绝缘电阻值：相线与相线间的绝缘电阻≥10MΩ，相线与零线间的绝缘电阻≥10MΩ。

（4）新架 10kV 线路绝缘值≥300MΩ。

（5）变压器一次绕组的绝缘电阻≥300MΩ。

（6）变压器二次绕组的绝缘电阻≥10MΩ。

（7）10kV 电缆线路绝缘值≥1000MΩ。

二、接地电阻表

接地电阻测量仪（接地摇表）是用于测量接地装置接地电阻的专用仪表。

（一）接地电阻测量仪的结构

常用的 ZC-8 型接地电阻表（见图 1-4-6）适用于测量各种电力系统、电气设备、避雷针等接地装置的接地电阻值，以欧姆（Ω）为单位。四端钮（0～1～10～100Ω 规格）亦可

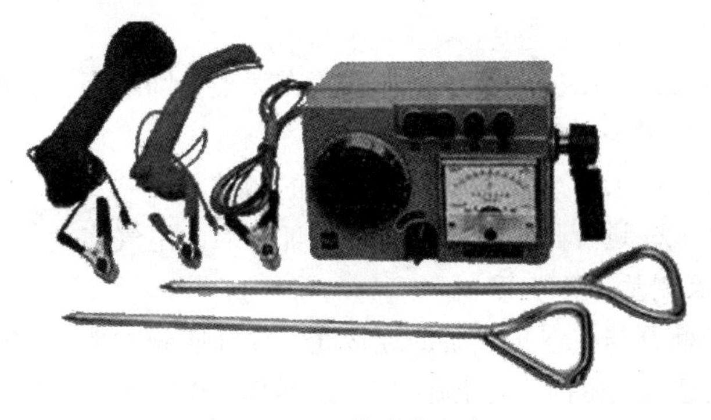

图 1-4-6　接地电阻表

测量低电阻导体的电阻值和土壤电阻率。常用的 ZC-8 型接地电阻表由手摇发电机、电流互感器、滑线电阻及检流计等组成，全部机构装在塑料壳内。

（二）接地电阻表接线方法

（1）在测量接地电阻时将 C2、P2 两个接线柱用镀铬铜板（封闭）短接，并接在随仪表配来的 5m 长纯铜导线上，导线的另一端接在待测的接地他测试点上。

（2）P1 柱接在随仪表配来的 20m 纯铜导线，导线另一端接插针 1（电压极棒）。

（3）C1 柱接在随仪表配来的 40m 纯铜导线，导线的另一端接插针 2（电流极棒）。

（4）测量屏蔽体电阻时，应松开镀铬铜板，将 P2 接线柱接地体，C2 接线柱接屏蔽。

测量大于等于 1Ω 接地电阻的接线图，如图 1-4-7 所示，用于 10kV 配电变压器接地网接地电阻测量。

测量小于 1Ω 接地电阻的接线图，如图 1-4-8 所示，用于小接地系统接地电阻的测量。

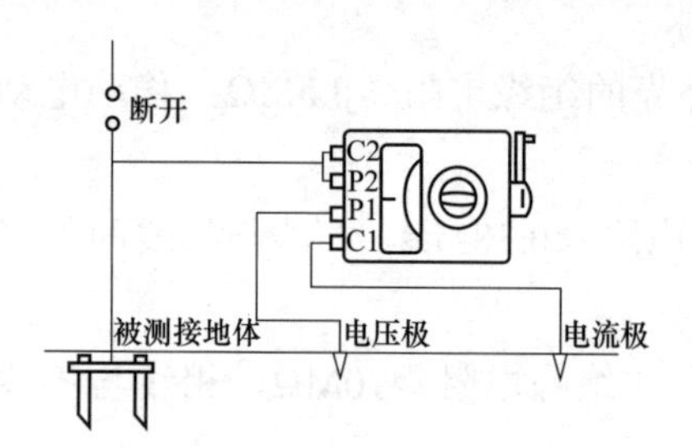

图 1-4-7　测量接地电阻接线图

（用于测量大于等于 1Ω 的接地电阻）

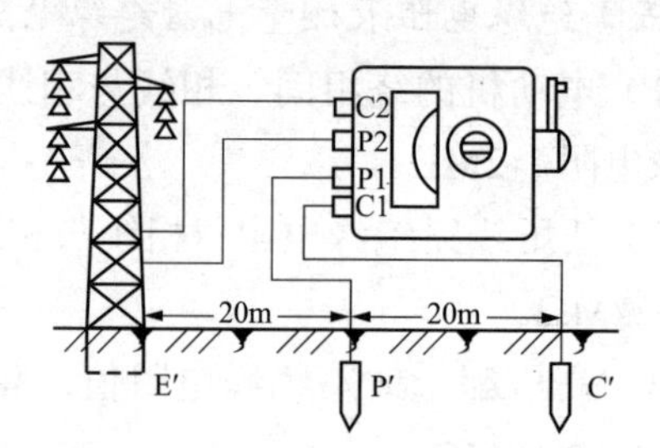

图 1-4-8　测量接地电阻接线图

（用于测量小于 1Ω 的接地电阻）

（三）接地电阻表使用方法

（1）接地电阻表应放置在离测试点 1～3m 处，放置应平稳，仪表工作位置为水平，便于操作。

（2）每个接线头的接线柱都必须接触良好，连接牢固。

（3）两个接地极插针应设置在离待测接地体左右分别为 20m 和 40m 的位置；如果用一直线将两插针连接，待测接地体应基本在这一直线上。

（4）不得用其他导线代替随仪表配置来的 5、20、40m 纯铜导线。

（5）如果以接地电阻表为圆心，则两支插针与仪表之间的夹角不得小于 120°，更不可同方向设置。

（6）两插针设置处土质必须坚实，不能设置在泥地、回填土、树根旁、草丛等位置，两根插针插入地面的深度≥400mm。

（7）雨后连续 7 个晴天后才能进行接地电阻的测试。

（8）待测接地体应先进行除锈等处理，以保证可靠的电气连接。

（四）接地电阻表测量操作步骤

（1）测量前，应断开与被保护设备的连接线，探针应砸入地面 400mm 深。

（2）测量前，将接地电阻挡位旋钮旋在最大挡位即×10 挡位，调整旋钮应放置在 6～7Ω。

（3）缓慢摇动手柄，若检流表指针从中间的0平衡点迅速向右偏转，说明原量程挡位选择过大，可将挡位选择到“×1”挡位，如偏转方向继续向右偏，可将挡位选择到“×0.1”挡位。

（4）通过上一步骤选择后，缓慢转动手柄同时，检流表指针从0平衡点向右偏移，则说明接地电阻值仍偏大，在缓慢转动手柄同时，接电阻旋钮应缓慢顺时针转动，当检流表指针归0时，逐渐加快手柄转速，使手柄转速达到120r/min，此时接地电阻表指示的电阻值乘以挡位的倍率，就是测量接地体的接地电阻值。

（5）如果检流表指针缓慢向左偏转，说明调整旋钮所处在的阻值小于实际接地阻值，可缓慢逆时针旋转，调大仪表电阻指示值。

（6）如果缓慢转动手柄时，检流表指针跳动不定，说明两支接地插针设置的地面土质不密实或有某个接头触点接触不良，此时应重新检查两插针设置的地面和各接头。

（7）用接地电阻表测量静压桩的接地电阻时，检流表指针在0点处有微小的左右摆动是正常的，当检流表指针缓慢移到0平衡点时，才能加快摇转仪表的摇把，摇把额定转速为120r/min。

（五）接地电阻表使用注意事项

（1）不准带电测量接地装置。

（2）雷雨季节，特别是阴雨天气不得测试避雷接地装置。

（3）测试线不应与高压架空线或地下金属管道平行，以防止影响准确度。

（4）测量接地电阻最好是在春季（3～4月）或冬季。在这个季节气温偏低，降雨量少，土壤干燥。土壤电阻率大，如果此时测量合格，也就保证其他季节合格。

（5）仪表携带、使用时须小心轻放，避免剧烈震动。

（6）当测试中，表计不稳定时，主要是外界干扰所致，如附近有感应电、高压放电等都将会影响表计的摆动，这时应改变测量位置或改变几种转速以免除外界干扰的影响。

（六）标准接地电阻规范要求

（1）独立的防雷保护接地电阻应不大于10Ω。

（2）独立的安全保护接地电阻应不大于4Ω。

（3）独立的交流工作接地电阻应不大于4Ω。

（4）独立的直流工作接地电阻应不大于4Ω。

（5）防静电接地电阻一般要求不大于100Ω。

（6）变压器中性点接地，容量在100kVA以下者接地电阻不大于10Ω，容量在100kVA及以上者接地电阻不大于4Ω。

（7）防雷接地和设备金属外壳接地，接地电阻不大于10Ω。

（8）铁塔接地电阻不宜超过30Ω。

三、钳形电流表

钳形电流表（钳形表）是一种用于测量正在运行的电气线路的电流大小的仪表，可在不断电的情况下测量电流，从而很方便地了解电路工作状况。常用的数字式钳形电流表的外形如图 1-4-9 所示。

图 1-4-9　数字式钳形电流表

1. 交流电流测量步骤

（1）将转换开关置于交流电流 2000A 挡。

（2）将保持开关置于放松状态。

（3）按下扳机，打开钳口，钳住一根被测导线（如果钳住 2 根以上导线，则测量无效）。

（4）读取数值，如果读数小于 200A，应重新选择挡位（可将开关旋置于交流电流挡），以提高测量准确度。

2. 交、直流电压测量步骤

（1）测量直流电压时，将转换开关置于直流电压 1000V 挡。

（2）测量交流电压时，转换开关置于交流电压 750V 挡。

（3）保持开关处于放松状态。

（4）将红笔插入“V-Ω”插孔中，黑表笔插入“COM”插孔中。

（5）将红、黑表笔并联到被测线路中测量读数。测量直流电压可不在考虑电路的极性，该表具有自动识别极性的功能。

3. 电阻测量步骤

（1）将旋转开关置于适当量程的电阻挡。

（2）保持开关处于放松状态。

（3）将红笔插入“V-Ω”插孔中，黑表笔插入“COM”插孔中。

（4）将红、黑表笔分别接到被测电阻两端读取读数。测量在线电阻时，应先切断电源，与电阻所连接的电容应充分放电。

4. 通断测试步骤

（1）将旋转开关置于 200Ω 挡。

（2）将红表笔插入“V-Ω”插孔中，黑表笔插入“COM”插孔中。

（3）如果红、黑表笔间的电阻小于 50Ω 时，蜂鸣器发声，表明短路状态。

（4）如果仪表显示为 OL，则为开路。

5. 钳形电流表注意事项

（1）合理选择量程，被测线路的电压要低于钳形电流表的额定电压。

（2）测量线路的电流时，要戴绝缘手套，穿绝缘鞋。

（3）测量时，严禁带电切换功能开关。

（4）测量完毕，应将调节开关置于交流电压最大挡或 OFF 挡。

四、相序表

相序表是一种用于判别低压交流电三相相序的仪器。在判断线路是否带电或判断电源正相、反相等方面，相序表都发挥了巨大的作用。常用的相序表外形如图 1-4-10 所示。

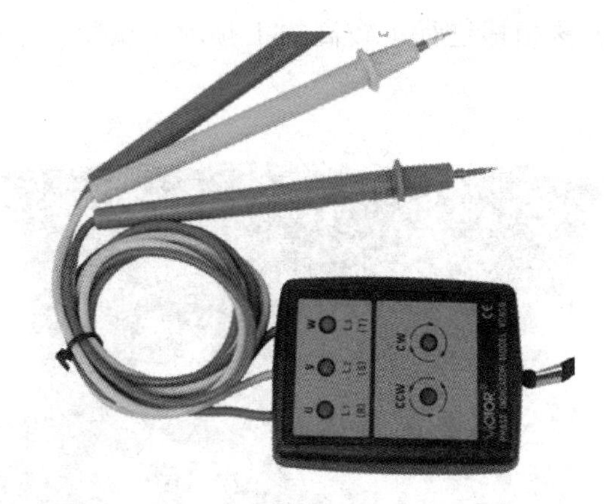

图 1-4-10　相序表

（一）相序表的使用方法

1. 接线方法

将相序表三根表笔线 U（红，R）、V（黄，S）、W（绿，T）分别对应接到被测源的 A（R）、B（S）、C（T）三根线上。

2. 测量方法

按下仪表的测量按钮，灯亮，即开始测量。松开测量按钮时，停止测量。

3. 缺相指示

面板上的 U、V、W 三个红色指示灯发光分别指示对应的三相带电。当被测源缺相时，对应的指示灯不亮。

4. 相序指示

当被测电源三相相序正确时，与正相序所对应的绿灯亮，当被测源三相相序错误时，与逆相序所对应的红灯亮，蜂鸣器发出报警声。

注：要使逆相序变为正相序，只要交换 A、B、C 三根线中任意两根线即可。

（二）相序表的使用注意事项

（1）当任一测试线已经与三相电路接通时，应避免用手触及其他测试线的金属端防止发生触电。

（2）对不接电的裸露金属部件进行绝缘处理时，应尽可能减少裸露面积。

（3）对不接电的裸露金属部件进行绝缘处理时，应尽可能减少裸露面积。

（4）应在允许电压范围内进行测量，否则可能损坏相序表或测试结果不准确。

（5）对于有接电按钮的相序表，不宜长时间按住按钮不放，以防烧坏触点。

（6）如果接线良好，相序表铝盘不转动或接电指示灯未全亮，表示其中一相断相。

（7）当三相输入线有任意一条接电时，表内即带电。打开机壳前，请务必切断。

（8）测试前，检查测试线绝缘是否良好，对不接电的裸露金属部件用绝缘胶带裹缠。

五、高压核相仪

核相仪是一种带电测试工具，是在运行电压下，进行高压电力线路的核定相位工作，特别对直接接触高电压的核相棒进行了较高的工频耐压试验。常用的核相仪的外形如图1-4-11所示。

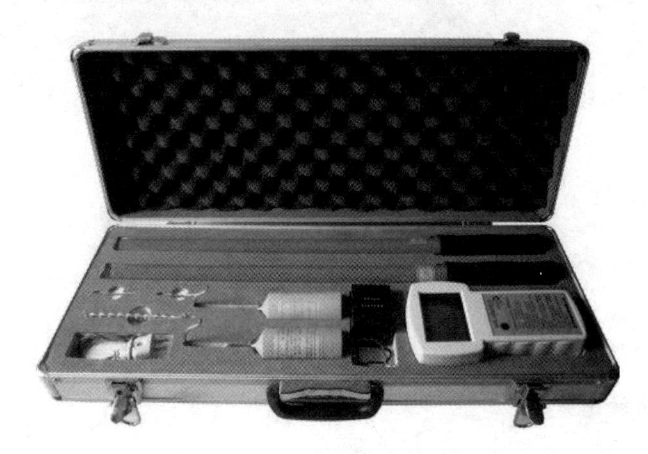

图 1-4-11　无线高压核相仪

（一）高压核相仪使用方法

（1）把表头垂直安装在三脚架上。使表针指示接近或等于零，将连接线按相同色别接于测试杆与仪表中，并将接地线接地，保证接线正确、良好。

（2）将两杆分别接向相对应的两侧线路。当高压核相器的仪表指示接近或为零时，则两相为同相；若高压核相仪的仪表指示较大时，则要多反复几次，确保准确无误后方能并列。

（3）高压核相仪作为验电器使用时，将其中一杆接向任何一根线，另一杆接地或接向另一相线，若高压核相仪的仪表指示较大时则线路有电，反之则无电。

（二）高压核相仪使用注意事项

（1）高压核相仪使用时，因带电作业，故接地线要牢固、可靠（低压可不使用接地线），必须按照电力安全工作规程有关规定进行，绝缘杆要定期做安全检查，以保证人身设备安全。

（2）高压核相仪用完后，放进盒内要妥善保管，保证通风干燥，以免受潮和化学腐蚀，以备再用。

（3）要按不同等级的使用电压，选用相应等级的线路核相仪（高压核相器）。

（4）做预防性实验时，要取下上杆，只做下杆，以免上杆内电子元件损坏造成测量不准确。

六、测温仪

测温仪是温度计的一种，用红外线传输数字的原理来感应物体表面温度，操作比较方便，特别是高温物体的测量。常用的红外测温仪外形如图 1-4-12 所示。

（一）红外测温仪的使用方法

将仪器对准要测的物体，按触发器在仪器的显示屏上读出温度数据，保证安排好距离和光斑尺寸之比和视场。

（二）红外测温仪使用时的注意事项

（1）只测量表面温度，红外测温仪不能测量内部温度。

（2）波长在 5μm 以上不能透过石英玻璃进行测温，玻璃有很特殊的反射和透过特性，不允许精确红外温度读数。但可通过红外窗口测温。红外测温仪最好不用于光亮的或抛光的金属表面的测温（不锈钢、铝等）。

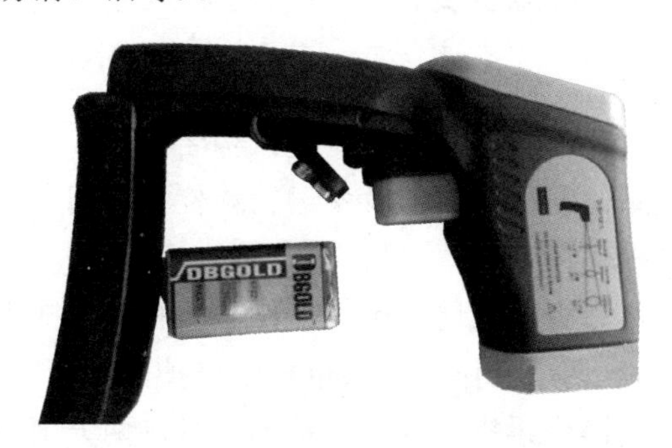

图 1-4-12 红外测温仪

（3）定位热点，要发现热点，仪器瞄准目标，然后在目标上作上下扫描运动，直至确定热点。

（4）注意环境条件：蒸汽、尘土、烟雾等。它阻挡仪器的光学系统而影响精确测温。

（5）环境温度，如果测温仪突然暴露在环境温差为 20℃或更高的情况下，允许仪器在 20min 内调节到新的环境温度。

第五单元　配网电气操作

教学目的：

通过教学使学员能够正确填写操作票，正确使用安全工器具，熟悉操作流程，在实际工作中安全、规范、快速操作配网电气设备。

教学重点：

操作票的正确填写；配网电气操作安全工器具的正确使用；熟悉操作流程。

教学难点：

操作流程的规范。

教学内容：

一、配网操作票的填写及注意事项

（一）操作票的填写

（1）调度机构名称：执行操作命令票的调度机构名称。

（2）单位名称：变电站的名称、配电设备运行单位及部门名称。

（3）填票日期：调度操作命令票填写日期。

（4）操作人：调度操作命令票或现场电气操作票执行操作的人员（包括位置检查人）。

（5）审核人（监护人）：调度操作命令票审核或监护人员。

（6）监护人：现场电气操作票执行操作监护的人员。两人值班时，值班负责人即为监护人。单人操作时，监护人栏目不需填写。

（7）值班负责人：当值值班负责人或经当值值班负责人授权的正值及以上人员。

（8）发令人：发出操作命令的当值调度员，或发出操作指令的现场值班负责人。

（9）受令人：接受调度操作任务（命令）人员（必须是当值的值班负责人或经值班负责人授权的具备接受调令资格的当值人员）。

（10）回令人：向当值调度员汇报调度操作任务（命令）执行情况的人员（必须是当值的值班负责人或经值班负责人授权的具备接受调令资格的当值人员）。

（11）令号：调度命令编号。

（12）编号：计算机操作票应能按页自动顺序生成，使用中操作票编号不得改动。计算机操作票编号按照7位阿拉伯数字编号，其中前两位为年号的后两位数字（00～99），后五位数字为操作票顺序号（00001～99999）。手写操作票按照在计算机操作票编号规则前加大写“S”的方式进行编号，并由基层单位统一编号、统一印刷。

（13）类型：由调度员下令操作的，在“根据调度令进行的操作”前打钩，由值班负责人下令操作的，在“根据本单位任务进行的操作”前打钩。

（14）发令单位：现场电气操作票发出操作命令或指令的单位。

（15）受令单位：调度操作命令票接受调度命令的下级调度、变电站（包括用户变电站）、发电厂等。

（16）发令时间：发出操作命令或指令的时间。

（17）受令时间：接到操作命令或指令的时间。

（18）操作开始时间：执行操作项目第一项的时间。

（19）操作结束时间：完成最后一项操作项目的时间。

（20）完成时间：操作人员向调度汇报的时间。

（21）操作任务：明确设备由一种状态转为另外一种状态，或者系统由一种运行方式转为另一种运行方式。必须注明设备的电压等级（变压器除外），同一母线上多间隔同时操作时，电压等级只需在前面写一次。操作任务的填写应简洁、准确、清晰。

（22）操作项目：操作的具体步骤，应逐项按逻辑顺序逐行填写，不得空行。可不注明设备的电压等级［需要用电压等级才能明确的设备除外，如：主变压器中性点、母线（含旁母）、旁路、TV、母联、分段等］。操作项目的填写应简洁、准确、清晰，设备双重名称应具有唯一性。在操作内容结束的下一行填写“以下空白”，若最后一项操作项目在最后一行，则不用填写“以下空白”。

（23）顺序：填票时，按照操作项目先后顺序填写的相应的阿拉伯数字。

（24）备注：在操作中存在的问题或因故中断操作等情况时填写。单人操作时，需注明“单人操作”。

（25）操作“ √”：操作项目完成后，立即在对应栏内标注“ √”，对于监护操作由监护人完成，对于单人操作由操作人完成。执行主、子项时，应先在主项对应栏内标注“ √”。

（26）多页票时间、签名位置：时间填写在第一页相应栏，必须在每一页的相应栏亲笔签名。

（二）操作票填写注意事项

（1）手工操作票用蓝色或黑色的钢笔或圆珠笔填写，计算机打印的操作票正文采用四号、宋体、黑色字。操作票票面应整洁，字迹工整易辨认，不得涂改，操作内容无歧义。操作“ √”用蓝色或黑色的钢笔或圆珠笔填写。

（2）填写操作票应正确使用调度术语、操作术语和位置术语，设备名称编号应严格按照现场标示牌所示双重名称填写。

（3）一份操作票只能填写一个操作任务。一项连续操作任务不得拆分成若干单项任务而进行单项操作。对于以下情况，可以采用一份操作票，但操作顺序必须符合相关要求。

（4）如一页票不能满足填写一个操作任务项目时，应紧接下一张操作票进行填写，在前一页操作票下面留一空白行，填写“下接××号操作票”字样。操作票连续多页时操作任务只填写在第一页对应栏。

（5）时间的填写统一按照公历的年、月、日和 24h 制填写，年按 4 位填写，月、日、时、分按 2 位填写。一份票的所有时间填在该票的首页对应栏目内。

（6）调度采用逐项令下令时，只要逐项令不改变操作票的操作顺序，可采用一份现场电气操作票填写，但在现场电气操作票中应有明确的“汇报调度”和“再经调度令”的操作项目。

现场电气操作票示例如表 1-5-1 所示。

表 1-5-1　　　　　　　　　电气操作票示例

××公司××供电所现场电气操作票

盖章处

编号：S1700004

类　型	☑根据调度令进行的操作　　　□根据本单位任务进行的操作			
发令单位	××县调	发令人	朱××	
受令人	赵××	受令时间	2017 年 07 月 19 日 15 时 20 分	
操作开始时间	2017 年 07 月 19 日 15 时 21 分	操作结束时间	2017 年 07 月 19 日 15 时 27 分	
操作任务	将 35kV 测试变 10kV 测试线#10 杆断路器侧由检修转冷备用			
顺序	操作项目			操作 √
1	核对 10kV 测试线#11 杆线路名称和杆号正确			√
2	拆除 10kV 测试线#11 杆小号侧 10kV01 号接地线一组。15 时 24 分			√
3	检查 10kV 测试线#11 杆小号侧 10kV01 号接地线一组确已拆除			√
4	操作完毕，记录时间，汇报调度			√
	以下空白			
备注				

操作人	陈××	监护人	赵××	值班负责人	张××

二、配网电气操作安全工器具使用注意事项

（一）接地线

（1）使用接地线前，经验电，确认已停电设备上确无电压。

（2）装设接地线时，先接接地端，再接导线端；拆除接地线时顺序相反。

（3）装设接地线时，考虑接地线摆动的最大幅度外沿与设备带电部位的最小距离应不小于 Q/CSG 510001—2015《中国南方电网有限责任公司电力安全工作规程》所规定的安全距离。

（4）严禁不用线夹而用缠绕方法进行接地线短路。

（二）验电器

（1）按被测设备的电压等级，选择同等电压等级的验电器。

（2）检查验电器绝缘杆外观完好，自检声光指示正常；验电时必须戴绝缘手套，使用拉杆式验电器前，需将绝缘杆抽出足够的长度。验电前应先在有电设备上进行检验。

（3）在已停电设备上验电前，应先在同一电压等级的有电设备上试验，确保验电器指示正常。操作时手握验电器护环以下的部位，逐渐靠近被测设备，操作过程中操作人应按要求始终保持与带电体的安全距离。

（4）禁止使用超过试验周期的验电器。使用完毕后应收缩验电器杆身，及时取下显示器，将表面擦净后放入包装袋（盒），存放在干燥处。

（三）绝缘手套

（1）绝缘手套佩戴在工作人员双手上，且手指和手套指控吻合牢固。

（2）不能戴绝缘手套抓拿表面尖利、带电刺的物品，以免损伤绝缘手套。

（3）绝缘手套表面应平滑；内外面无气泡、针孔、砂眼、杂质；绝缘手套无裂纹、破口、粘连、发脆等现象，并检查经试验合格，合格证未过期，发现有上述问题时应禁止使用。

（四）绝缘操作杆

（1）必须适用于操作设备的电压等级，且核对无误后才能使用；使用前用清洁、干燥的毛巾擦拭绝缘工具的表面。

（2）操作人应戴绝缘手套，穿绝缘靴；下雨天用绝缘杆（棒）在高压回路上工作，还应使用带防雨罩的绝缘杆。

（3）操作人应选择合适站立位置，与相临带电体保持足够的安全距离，注意防止绝缘杆被人体或设备短接，以保持有效的绝缘长度。

（4）使用过程中防止绝缘棒与其他物体碰撞而损坏表面绝缘漆。使用绝缘棒装拆较重的物体时，应注意绝缘杆受力角度，以免绝缘杆损坏或被装拆物体失控落下，造成人员和设备损伤。

（5）操作结束后应立即将绝缘操作杆收至保管袋中或存放于专用的木架上或特制的绝缘工器具柜内，且不得贴墙放置。

（五）绝缘靴

（1）绝缘靴不得当作雨鞋或作其他用，一般胶靴也不能代替绝缘靴使用。

（2）使用绝缘靴应选择与使用者相符合的鞋码，将裤管套入靴筒内，并要避免绝缘靴触及尖锐的物体，避免接触高温或腐蚀性物质。

（3）绝缘靴应存放在干燥、阴凉的专用封闭柜内，不得接触酸、碱、油品、化学药品或在太阳下暴晒。其上面不得放压任何物品。合格与不合格的绝缘靴不准混放，超试验期的绝缘靴禁止使用。

（六）安全帽

（1）使用完好无破损的安全帽；破损、有裂纹的安全帽应及时更换。安全帽遭受重大冲击后，无论是否完好，都不得再使用，应作报废处理。

（2）系紧下颏带，以防止工作过程中或外来物体打击时脱落；长头发应盘入帽内；戴好后应将后扣拧到合适位置，下颏带和后扣松紧合适，以昂头不松动、低头不下滑为准。

三、配网电气操作流程、常见问题及解决办法

（一）配网电气操作流程

1. 线路的停、送电典型操作步骤

（1）线路停电的操作步骤。

1）断开线路断路器。

2）检查断路器在分闸位置。

3）拉开负荷（线路）侧隔离开关。

4）检查负荷（线路）侧隔离开关在拉开位置。

5）拉开电源（母线）侧隔离开关。

6）检查电源（母线）侧隔离丌关在拉开位置。

7）向调度汇报。

8）根据调度指令布置安全措施。

（2）线路送电的操作步骤。

1）根据调度指令拆除安全措施。

2）合上电源（母线）侧隔离开关。

3）检查电源（母线）侧隔离开关在合上位置。

（3）合上负荷（线路）侧隔离开关。

1）检查负荷（线路）侧隔离开关在合上位置。

2）合上线路断路器。

3）检查断路器在合闸位置。

4）向调度汇报。

2. 配电变压器的停、送电典型操作步骤

（1）变压器停电的操作步骤。

1）断开变压器低压侧空气开关。
2）检查变压器低压侧空气开关在断开位置。
3）拉开变压器高压跌落熔断器。
4）检查变压器高压跌落熔断器在拉开位置。
5）做好安全措施。
6）向调度汇报。
（2）变压器送电的操作步骤。
1）拆除安全措施。
2）合上变压器高压跌落熔断器。
3）检查变压器高压跌落熔断器在合上位置。
4）合上变压器低压侧空气开关。
5）检查变压器低压侧空气开关在合上位置。
6）向调度汇报。
（二）操作中常见问题及解决办法
1. 监护人代替操作人操作
（1）禁止并对违章人员做出处罚。
（2）操作人员身体条件不胜任操作任务时不应安排其进行操作。
2. 不认真执行唱票、核对设备、复诵、发出操作命令等规定
（1）对违章人员和领导进行处罚。
（2）加强对违章人员教育。
3. 发现异常情况未查清原因就继续操作
（1）发现异常情况要查清原因，得到值班负责人允许才能继续操作。
（2）加强人员的技术业务培训，及时发现异常情况，正确判断处理。
4. 操作不协调，操作人存在依赖监护人的心理
（1）监护人与操作人既有分工又需呼应，平时有意识地进行训练。
（2）监护人要注意自己的行为，让操作人消除依赖心理。

四、危险点分析和预控措施

配网电气操作危险点分析及预控措施见表 1-5-2。

表 1-5-2　　配网电气操作危险点分析及预控措施

序号	危险点	控制措施
1	触电伤害	（1）倒闸操作要严格执行操作票，严禁无票操作。操作时应使用合格的绝缘杆，一人操作，一人监护。拉开跌落式熔断器后，应摘下保险管并专人保管
		（2）雷电时严禁倒闸操作
		（3）登杆操作时，操作人员严禁穿越和碰触低压导线（含路灯线）

续表

序号	危险点	控制措施
2	弧光灼伤	（1）停电操作时，先拉开关后拉隔离开关，送电时与此相反；拉合刀闸前先确认开关在分闸位置
		（2）作业结束送电前，必须检查线路上的接地线全部拆除，方可操作
3	高处坠落	（1）操作时操作人和监护人戴安全帽，登杆操作应系好安全带
		（2）登杆前检查登杆工具是否完好，采取防滑措施

模块二

设备安装

第一单元　10kV 跌落式熔断器安装

教学目的：

通过培训，使学员能掌握的 10kV 跌落式熔断器安装正确流程，提高安装的效率，并且符合工艺规范，确保 10kV 配电线路柱上变压器架跌落熔断器的运行可靠性。

教学重点：

安装的工艺要求；熔断丝的选择；熟练进行更换。

教学难点：

熟练并按规范安装。

教学内容：

一、10kV 跌落式熔断器安装步骤

（1）选择跌落式熔断器及符合要求的熔断丝。

（2）准备好材料及工具。

（3）做好现场作业安全措施。

（4）按规范进行登杆作业。

（5）拆除旧跌落式熔断器的各种连接线。

（6）拆除旧跌落式熔断器与安装横担连接螺丝，拆下旧跌落式熔断器并分别用绳索吊至地面。

（7）更换跌落式熔断器横担。

（8）将新跌落式熔断器分别吊至安装处，调整好位置，并用螺栓牢固固定。

（9）连接上连接线，安装上绝缘罩，并进行拉合检查。

（10）检查安装质量合格后，收好所有工具，并检查杆上遗留物，拆除所有安全措施。

二、工艺要求及质量标准

（1）跌落式熔断器横担距离变压器台架垂直距离不少于 2.5m。

（2）10kV 跌落熔断器安装在支架上，水平相间距离≥500mm；仰视时保持 10°～15°的跌落倾斜度，正视应保持垂直；转动时候应保持灵活，跌落时不应碰击其他物体。

（3）断路器应装绝缘罩，绝缘罩颜色应与线路相色相对应。

（4）熔断器熔管上下动触头之间距离应调节恰当，动静触头应接触良好，接触电阻≤500μΩ，熔丝应松紧适度。

（5）熔丝选择：100kVA 及其以下者，一次侧熔丝按变压器额定电流 2 倍选择，100kVA 及以上者，一次侧按容量额定电流的 1.5 倍选择。

（6）熔断器上端头引线应经绝缘子过渡后安装，禁止未经绝缘子将引线直接接到上端头。引线安装应牢固，排列整齐美观，相间和对地（放电点）应符合规程要求，相间≥300mm，对地（放电点）≥200mm。

（7）接线端子与引线的连接应采用线夹，铜铝连接时应采用过渡措施，接触面清洁无氧化膜，并涂中性导电脂。

主要材料和工器具清单见表 2-1-1、表 2-1-2。

表 2-1-1　　主要材料清单

名　称	规　格	单位	数量	备　注
设备线夹	根据导线材质和线径选用	套	9	
10kV 高压跌落式熔断器	根据设计选用	只	3	
高压熔断保险丝	根据变压器容量选用	根	4	
六角螺栓	M12×30	套	6	
横担	根据设计选用	套	1	

表 2-1-2　　主要工器具清单

名　称	规格型号	单位	数量	备　注
验电器	10kV	只	2	
接地线	10kV	组	3	
绝缘手套	10kV	双	1	
组合工具	根据需要	套	1	
吊绳	ϕ10mm	根	2	

三、危险点分析与预控措施

10kV 跌落式熔断器安装危险点分析及预控措施见表 2-1-3。

表 2-1-3　　10kV 跌落式熔断器安装危险点分析及预控措施

序号	危险点	预控措施
1	触电	（1）工作前要认真检查安全措施是否完备。 （2）应与邻近或保留带电部分保持安全距离
2	机械伤害	（1）正确使用工器具。 （2）工作人员应正确佩戴和使用劳动保护用品
3	高空坠落	（1）使用梯子时，必须放置稳固，由专人扶梯，将梯子与固定物牢固绑扎。

续表

序号	危险点	预 控 措 施
3	高空坠落	（2）必须穿防滑性能良好的软底鞋，必须清除鞋底的油污。 （3）高空作业必须系好安全带
4	高空坠落 物体打击	（1）杆上作业时，上下传递工器具、材料等必须使用传递绳，严禁抛扔。 （2）传递绳与横担之间的绳结应系好以防脱落，金具可以放在工具包内传递，防止高空坠物。 （3）作业现场人员必须戴好安全帽，禁止将工具、材料放置在横担或其他构件上，严禁在作业点正下方逗留

四、10kV 跌落式熔断器组装图（见图 2-1-1）

图 2-1-1　10kV 跌落式熔断器

第二单元 10kV避雷器安装

教学目的：

通过培训，使学员能对有缺陷的老旧 10kV 避雷器进行更换，掌握正确流程，提高更换的效率，并且符合工艺规范，确保 10kV 避雷器的可靠运行。

教学重点：

安装的工艺要求；熟练进行更换。

教学难点：

熟练并按规范安装。

教学内容：

一、10kV 避雷器安装步骤

（1）对新避雷器进行检测，使用 2500V 绝缘电阻表进行绝缘遥测绝缘值≥1000MΩ。

（2）准备好材料及工具。

（3）做好现场作业安全措施。

（4）按规范进行登杆作业。

（5）拆除旧避雷器的连接线。

（6）拆除旧避雷器与安装横担连接螺栓，拆下旧避雷器并分别用绳索吊至地面。

（7）避雷器支架安装。

（8）将新避雷器分别吊至安装处，调整好位置，并用螺栓牢固固定在避雷器托担上。

（9）安装连接避雷器上、下引线，加装绝缘护罩。

（10）对避雷器接地电阻进行遥测，接地电阻≤10Ω。

（11）检查安装质量合格后，收好所有工具，并检查杆上遗留物，拆除所有安全措施。

主要材料和工器具清单见表 2-2-1 和表 2-2-2。

表 2-2-1　　主要材料清单

名　　称	规　　格	单位	数量	备　　注
设备线夹	根据导线材质和线径选用	套	9	
10kV 避雷器	根据设计选用	只	3	
绝缘导线	JKLYJ-70	m	10	
支架	根据设计选用	套	1	

表 2-2-2 主要工器具清单

名 称	规格型号	单位	数量	备 注
验电器	10kV	只	2	
接地线	10kV	组	3	
绝缘手套	10kV	双	1	
组合工具	根据需要	套	1	
吊绳	ϕ10mm	根	2	

二、工艺要求及质量标准

（1）避雷器安装在支架上，用螺栓固定，绝缘部分良好。

（2）并列安装的避雷器三相中心应在同一直线上，安装垂直，排列整齐、高低一致。相间距离≥350mm。铭牌位于易观察的同一侧。绝缘护罩的颜色应与相色对应。

（3）避雷器引线的连接不应使端子受到超过允许的外加应力。

（4）引线应使用绝缘导线安装牢固、排列整齐美观。

（5）接线端子与引线的连接应采用铜铝过渡线夹、端子，接触面清洁无氧化膜，并涂以中性导电脂。

（6）引线相间距离及对地距离应符合规定要求，相间≥300mm，对地≥200mm。

（7）避雷器接地引下线宜采用不小于 25m 接地多股软铜线或不小于 35mm^2 铝线，与接地设备连接应采用接线端子可靠连接，接地引下线应紧靠电杆和横担，紧贴杆身，安装应横平竖直。

（8）避雷器接地应与设备外壳、变压器中性点接地分开安装，入地以后方可并入接地网，接地电阻不大于 10Ω。

三、危险点分析与预控措施

10kV 避雷器安装危险点分析及预控措施见表 2-2-3。

表 2-2-3 10kV 避雷器安装危险点分析及预控措施

序号	危险点	预 控 措 施
1	触电	（1）工作前要认真检查安全措施是否完备。 （2）应与邻近或保留带电部分保持安全距离
2	机械伤害	（1）正确使用工器具。 （2）工作人员应正确佩戴和使用劳动保护用品
3	高空坠落	（1）使用梯子时，必须放置稳固，由专人扶梯，将梯子与固定物牢固绑扎。 （2）必须穿防滑性能良好的软底鞋，必须清除鞋底的油污。 （3）高空作业必须系好安全带

续表

序号	危险点	预　控　措　施
4	高空坠落 物体打击	（1）杆上作业时，上下传递工器具、材料等必须使用传递绳，严禁抛扔。 （2）传递绳与横担之间的绳结应系好以防脱落，金具可以放在工具包内传递，防止高空坠物。 （3）作业现场人员必须戴好安全帽，禁止将工具、材料放置在横担或其他构件上，严禁在作业点正下方逗留

四、10kV 避雷器组装图（见图 2-2-1）

（a）

（b）

图 2-2-1　10kV 避雷器组装图

第三单元　10kV变压器及JP柜安装

教学目的：

通过培训，使学员能熟悉10kV变压器及JP柜安装流程，掌握技术要求，提高安装的效率，并且符合工艺规范，确保10kV变压器及JP柜的可靠运行。

教学重点：

安装的流程；安装的工艺要求。

教学难点：

熟练并按规范安装。

教学内容：

一、变压器及JP柜安装步骤

（1）根据负荷情况及安装环境合理选择变压器。

（2）根据配变容量及出线回路数合理选择JP柜。

（3）根据电杆根开尺寸及电杆直径选择安装变压器及JP柜的横担、抱箍、螺栓。

（4）检查变压器及JP柜出厂合格证、试验合格证。

（5）做好现场作业安全措施，按规范进行登杆作业。

（6）根据安装尺寸要求安装横担。

（7）将变压器及JP柜分别吊至安装处，调整好位置，并用螺栓牢固固定。

（8）变压器、JP柜工作接地与接地网连接。

（9）连接各侧引线，安装绝缘罩。

（10）检查安装质量合格后，收好所有工具，并检查杆上遗留物，拆除所有安全措施。

主要材料和工器具清单见表2-3-1、表2-3-2。

表2-3-1　主要材料清单

名　称	规格型号	单位	数量	备　注
变压器台担	[14-3350	副	2	
低压配电箱台担	[10-3350	副	2	
安健环标志牌支架	–4×40×190	套	4	
台担抱箍	BG80-280	副	2	
台担抱箍	BG80-300	副	2	
非晶合金变压器	根据设计配置	台	1	

续表

名　　称	规格型号	单位	数量	备　注
JP 柜	根据变压器配置	台	1	
铜接线端子	根据设计配置	个	16	
有机防火堵料	有机防火堵料	kg	5	
变压器警示标牌	500×260×0.8	块	2	
避雷器	根据设计配置	只	3	
跌落式熔断器	根据设计配置	只	3	

表 2-3-2　　主要工器具清单

名　　称	规格型号	单位	数量	备　注
验电器	10kV	只	2	
接地线	10kV	组	3	
绝缘手套	10kV	双	1	
组合工具	根据需要	套	1	
吊绳	ϕ10mm	根	2	
滑车	1t	只	2	
钢丝绳套	ϕ8mm	只	2	
断线钳	根据实际选用	把	1	
压接钳	根据实际选用	把	1	
登高工具	根及实际选用	套	4	
安全带	全身式	副	4	

二、变压器工艺要求及质量标准

（1）配变台架根开为 2.85m，底部筑防沉平台，平台高出地面 0.3m。两杆迈步不大于 30mm，杆子顶部导线应齐平，根开误差不大于±30mm。硬化路面可不做防沉平台，但应恢复原状。

（2）台架离地面 3.2m。安置配电变压器的槽钢台架应保持水平，双杆式配电变压器台架水平倾斜不大于台架根开的 1/100。

（3）变压器应使用螺栓牢固固定在台架正中，并作防盗处理。

（4）配电变压器高低压桩头均应装设绝缘罩，绝缘罩颜色应与相色相对应。

（5）变压器安装后，套管表面应光洁，不应有裂纹、破损等现象；套管压线螺栓等部件应齐全，且安装牢固，油枕油位正常，外壳干净。

（6）变压器台架下方不应设置便于攀爬台架的物体。

（7）运行前必须装设运行标识、警示标识。

三、JP 柜安装工艺要求及质量标准

（1）安装时应检查 JP 柜外观整洁无锈蚀，把手锁具功能良好。

（2）JP 柜内整齐规范，接线端子连接可靠，绝缘包裹完好，相色准确。JP 柜内各分支路断路器应有相对应的运行编号。

（3）JP 柜内零线、0.4kV 避雷器、外壳应可靠接地：接地与台变中性点外壳一起并入接地。

（4）JP 柜安装前应再次对箱体内部螺栓进行紧固，JP 柜横担应平整，水平面倾斜不应大于 1%。

（5）变压器台架的 JP 柜横担底部对地距离不应小于 1.9m，即对地净空 1.9m。安装变压器后，配电变压器平台的平面坡度不应大于 1/100。

（6）JP 柜进出线口应采用防火材料封堵严密。

四、变压器及 JP 柜安装图（见图 2-3-1）

（a）

（b）

图 2-3-1　变压器及 JP 柜安装图

第四单元　10kV 柱上开关安装

教学目的：

通过培训，使学员能熟悉 10kV 柱上开关安装流程，掌握技术要求，提高安装的效率，并且符合工艺规范，确保 10kV 柱上开关的可靠运行。

教学重点：

安装的流程；安装的工艺要求。

教学难点：

熟练并按规范安装、调试。

教学内容：

一、户外隔离开关安装

（一）作业步骤

（1）作业现场风险分析及制定控制措施制定。

（2）准备好材料及工具。

（3）做好现场作业安全措施。

（4）按规范进行登杆作业。

（5）隔离开关支架安装。

（6）隔离开关本体安装，借助铁滑轮及绳索（必要时使用起重设备）将户外隔离开关安装在支架上，并用热镀锌螺栓固定牢固；静触头安装在电源侧，动触头安装在负荷侧。

（7）一次接线及附件安装，裸露带电部分进行绝缘处理。

（8）进行拉合检查开关有无卡涩。

（9）悬挂标识牌、警示牌等标识。

主要材料清单见表 2-4-1。

表 2-4-1　　主 要 材 料 清 单

名　称	规　格	单位	数量	备　注
设备线夹	根据导线材质和线径选用	套	6	
10kV 户外隔离开关	根据设计选用	只	3	
六角螺栓	M16×120	套	6	
支架	根据设计选用	套	1	

续表

名　　称	规　　格	单位	数量	备　　注
联板	根据设计选用	片	3	

（二）工艺要求及质量标准

（1）支架应采用热镀锌材料，如需对热镀锌材料进行加工，必须进行防腐处理。

（2）支架安装牢固、平整，水平面倾斜不应＞1%，开关安装对地高度不得低于2.8m。

（3）静触头安装在电源侧，动触头安装在负荷侧。当热镀锌螺栓与户外单极隔离开关和支架只能作一点穿芯连接时，必须选择静触头为电源侧。

（4）三极隔离开关应水平安装，刀口向上。户外三极隔离开关安装；单极隔离开关水平向下或与垂直方向成30°～45°角向下安装。户外单极隔离。

（5）合闸无扭动偏斜现象，动触头与静触头压力正常，动触头合闸锁扣灵活无卡涩现象。

（6）隔离开关处于合闸位置时，动触头的切入深度应符合产品要求，但应保证动触头距静触头底部有 3～5mm 空隙；隔离开关处于分闸位置时，动静触头间的拉开距离≥200mm。

（7）导线压接后不应使管口附近导线有隆起和松股，管表面应光滑，无裂纹。金具压接后，均应倒棱，去毛刺。

（8）两端遇有铜铝连接时，应设有过渡措施。

（9）引线应安装牢固、排列整齐美观。引线相间距离及对地距离应符合规定要求。

（10）接线端子与引线的连接应采用线夹，接触面清洁无氧化膜，并涂以中性导电脂。

（三）安装图（见图 2-4-1）

（a）

（b）

图 2-4-1　10kV 柱上隔离开关安装图

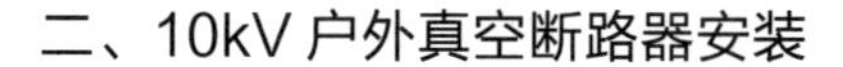

二、10kV 户外真空断路器安装

（一）作业步骤

（1）作业现场风险分析及制定控制措施制定。

（2）准备好材料及工具。

（3）做好现场作业安全措施。

（4）按规范进行登杆作业。

（5）真空断路器支架安装。

（6）真空断路器本体安装，借助铁滑轮及绳索（必要时使用起重设备）将真空断路器安装在支架上，并用热镀锌螺栓固定牢固。

（7）一次接线及附件安装，裸露带电部分进行绝缘处理。

（8）进行拉合检查开关有无卡涩。

（9）悬挂标识牌、警示牌等标识。

主要材料清单见表 2-4-2。

表 2-4-2　　主要材料清单

名　　称	规　　格	单位	数量	备　　注
设备线夹	根据导线材质和线径选用	套	6	
10kV 真空断路器	根据设计选用	台	1	
六角螺栓	M16×100	套	6	
支架	根据设计选用	套	1	

（二）工艺要求及质量标准

（1）断路器支架应采热镀锌材料制作。如现场对热镀锌材料进得加工，必须进行反腐处理。

（2）户外断路器安装高度对地不低于 2.8m。

（3）断路器上引线应安装牢固、排列整齐美观。

（4）接线端子与引线的连接应采用线夹。接线时不允许拉动，并保证在正常情况下不受外力（电动力和空线自重力除外）作用，如有铜铝连接时应有过渡措施，接触面清洁无氧化膜，并涂以中性导电脂。

（5）引线相间距高应符合规定要求。相间≥300mm、对地≥200mm。

（6）装设断路器时，应有运行标识。

（7）断路器或负荷开关本体外壳应接地，接地电阻≤10Ω。

（8）断路器操作机构的二次电缆口应进行封堵。

（9）引线应使用绝缘导线，端头加装绝缘护罩。

（10）带单侧隔离开关的断路器，隔离开关安装于电源侧。

（三）安装图（见图 2-4-2）

图 2-4-2　10kV 柱上断路器安装图

三、主要工器具（见表 2-4-3）

表 2-4-3　主要工器具清单

名　称	规格型号	单位	数量	备　注
验电器	10kV	只	2	
接地线	10kV	组	3	
绝缘手套	10kV	双	1	
组合工具	根据需要	套	1	
吊绳	ϕ10mm	根	2	
打孔机	根据现场选定	台	1	铁塔上安装

四、危险点分析及预控措施

10kV 柱上开关安装危险点分析及预控措施见表 2-4-4。

表 2-4-4　10kV 柱上开关安装危险点分析及预控措施

序号	危险点	预　控　措　施
1	触电	（1）工作前要认真检查安全措施是否完备。 （2）应与邻近或保留带电部分保持安全距离
2	机械伤害	（1）正确使用工器具。 （2）工作人员应正确佩戴和使用劳动保护用品
3	高空坠落	（1）使用梯子时，必须放置稳固，由专人扶梯，将梯子与固定物牢固绑扎。 （2）必须穿防滑性能良好的软底鞋，必须清除鞋底的油污。

续表

序号	危险点	预 控 措 施
3	高空坠落	（3）高空作业必须系好安全带
4	高空坠落 物体打击	（1）杆上作业时，上下传递工器具、材料等必须使用传递绳，严禁抛扔。 （2）传递绳与横担之间的绳结应系好以防脱落，金具可以放在工具包内传递，防止高空坠物。 （3）作业现场人员必须戴好安全帽，禁止将工具、材料放置在横担或其他构件上，严禁在作业点正下方逗留

模块三

配电专业技能

第一单元　配电线路常用绳扣

教学目的：

通过培训掌握配电线路常用绳扣的系法，并能在工作现场正确使用。

教学重点：

了解绳扣的用途，掌握不同绳扣的名称、系法以及在工作现场正确使用。

教学难点：

工作现场的正确使用。

教学内容：

一、绳扣的用途

在配电线路作业中，绳扣的使用十分广泛，主要用于绳索的连接，设备的运输，金具、工器具的吊装传送等。

二、绳扣制作的要求

（1）绳扣牢固、结实。

（2）绳扣容易解开。

三、常用绳扣的制作

（1）平结（又称直扣）：用于将同一绳索的两端连接或不同绳索的连接，适用于同样材质、同样粗细的绳索连接。系法如图 3-1-1 所示，制作口诀为“左搭右，右搭左”。

（2）活平结：用途与直扣相同，但活平结容易解开，特别适用于需要迅速解开绳扣的作业。系法如图 3-1-2 所示。

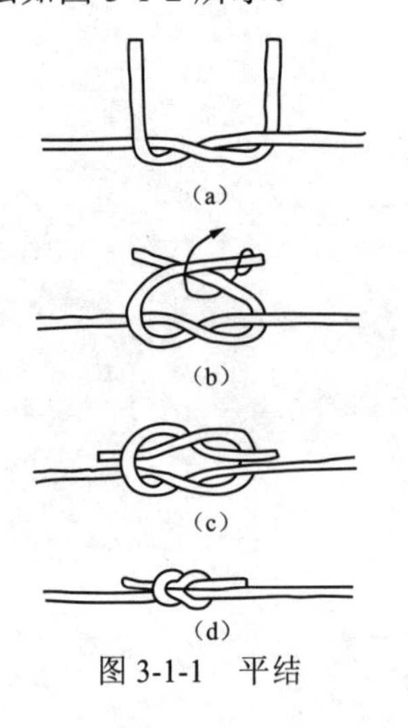

图 3-1-1　平结

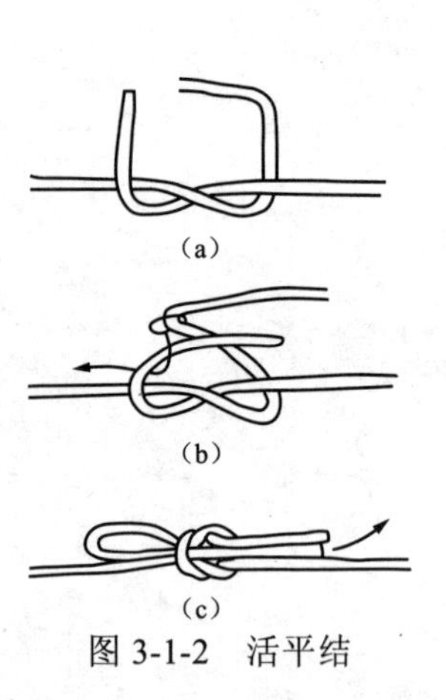

图 3-1-2　活平结

（3）猪蹄扣（又称双套扣）：适用于绳索两端拉力均等的物体，可在传递物体和抱杆顶部等处作绑绳以及在杆上拴拖拉绳等使用，绳套大小调整方便，简单牢固；若绳索只有一端受力，该绳扣极易松开。系法如图 3-1-3 所示。

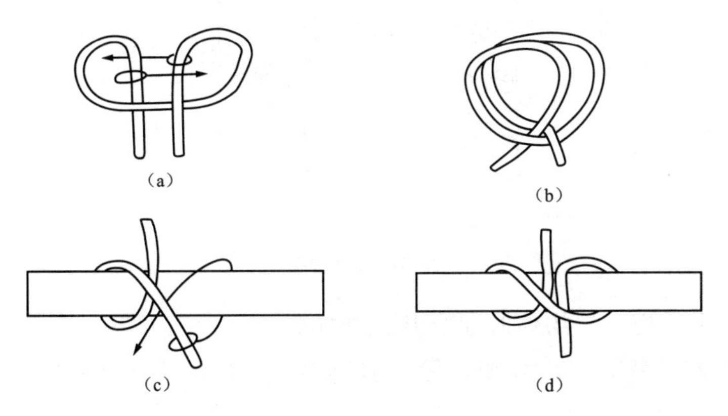

图 3-1-3　猪蹄扣

（4）紧线扣：常用于软绳索与硬质导线的连接，导线的牵引绳常用此扣。系法如图 3-1-4 所示。

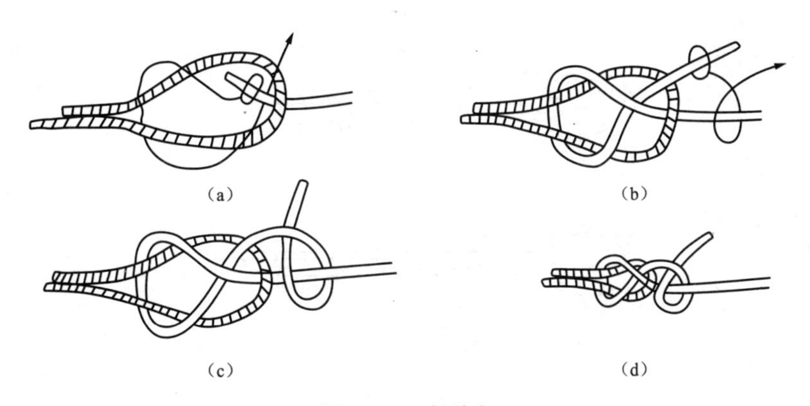

图 3-1-4　紧线扣

（5）抬扣：抬重物时使用，高度调整和解扣都比较方便，但受力较轻时会因摩擦力不够而发生脱扣。系法如图 3-1-5 所示。

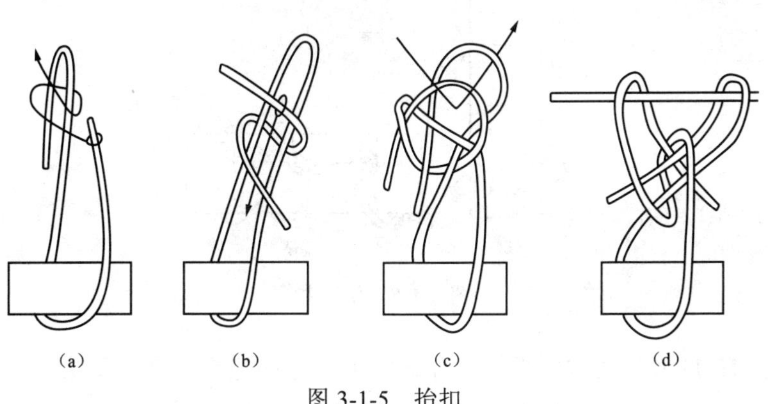

图 3-1-5　抬扣

（6）背扣：用于拖、拉、起吊物体使用，绳扣制作简单，会随着受力的增大自行收紧，绳扣收紧前受力不均可能会发生脱扣。系法如图 3-1-6 所示。

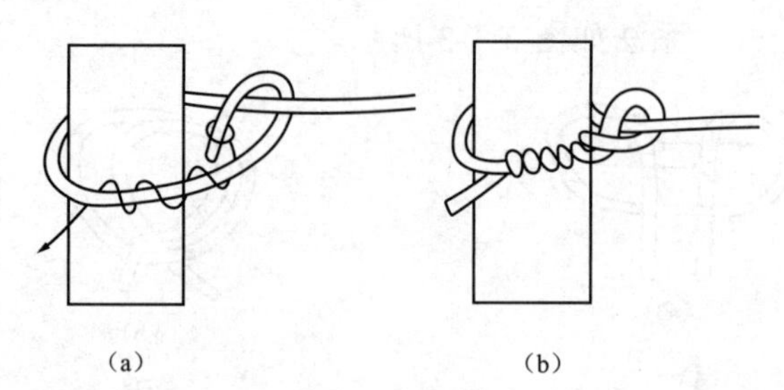

图 3-1-6　背扣

（7）倒扣：用于拖、拉物体时配合其他绳扣使用，具有自紧，容易绑扎易解开等特点。常用于做临时拉线、展放导线、起吊横担等，即简便快捷又结实。系法如图 3-1-7 所示。

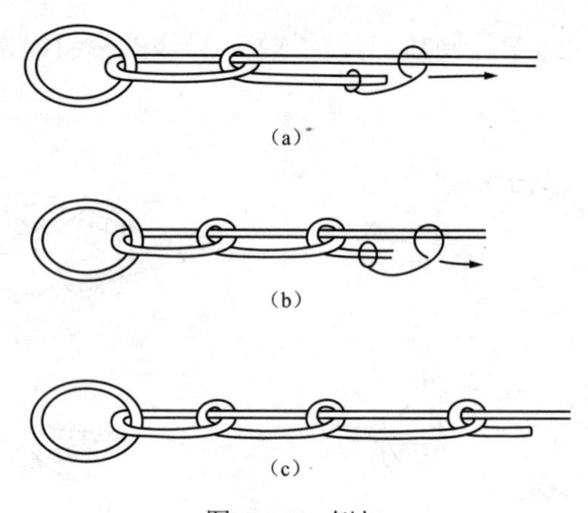

图 3-1-7　倒扣

（8）倒背扣：用于拖、拉物体，具有牢固、抑制摆动等特点，常用于垂直起吊细长物体，如钢管、双钩、横担等。系法如图 3-1-8 所示。

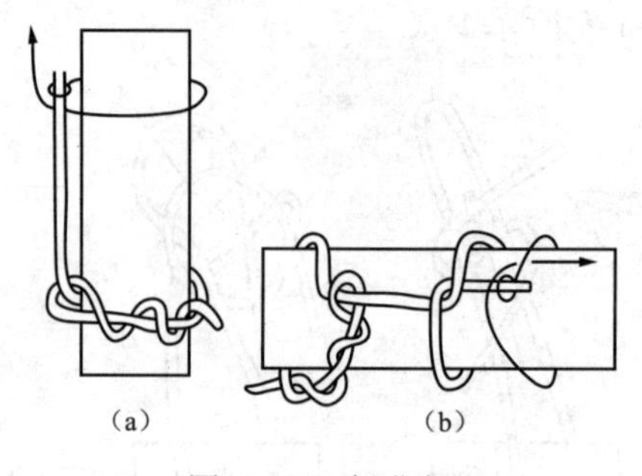

图 3-1-8　倒背扣

（9）拴马扣：展放导线时用于提升导线，用于起吊绝缘子串。系法如图 3-1-9 所示。

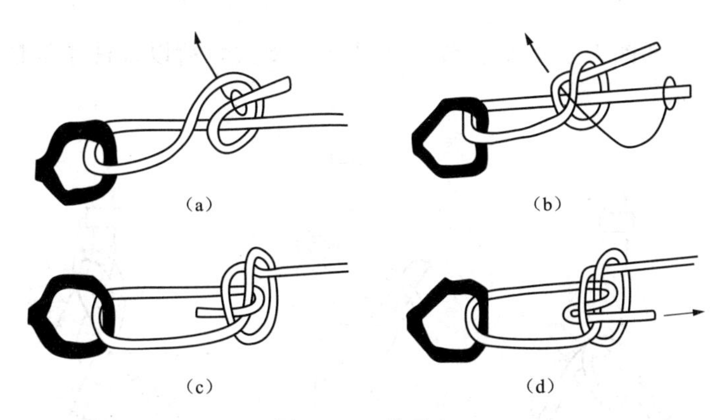

图 3-1-9　拴马扣

（10）死瓶扣：起吊物体时，物体不易摆动，此扣结实可靠，多用于吊装瓷套管。系法如图 3-1-10 所示。

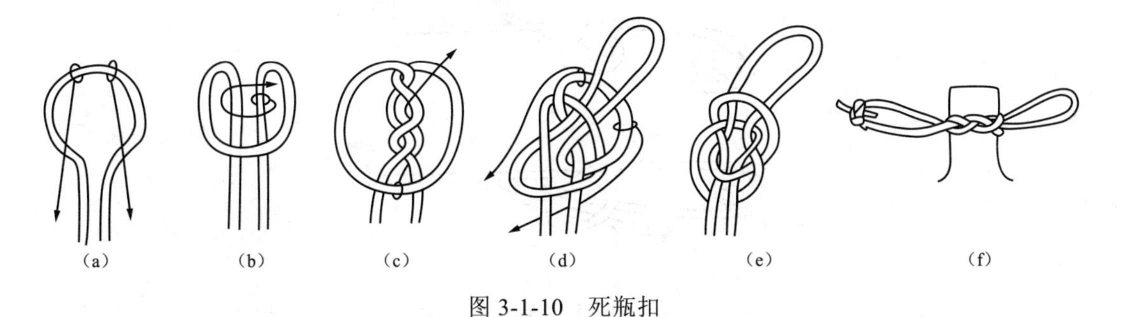

图 3-1-10　死瓶扣

（11）活瓶扣：用途与死瓶扣相同，但活瓶扣更易解开。系法如图 3-1-11 所示。

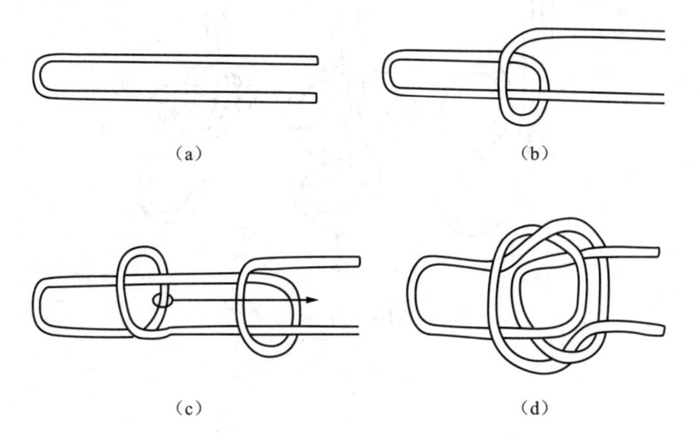

图 3-1-11　活瓶扣

（12）挂钩扣：绳索不易脱勾，易解，方便可靠，主要用于挂钩起吊物体时绳索与挂钩的连接。系法如图 3-1-12 所示。

（13）钢丝绳扣：常用于将钢丝绳的一端固定到一个物体上。此扣结法容易，便于拆开，不伤钢丝绳。系法如图 3-1-13 所示。

（14）双重八字结：多用于制作牢固的绳圈使用，该绳扣耐力强，牢固可靠，在应急救援时经常使用，但其绳圈大小不易调节，并且在承受大负荷以及沾水等情况下很难解开。系法如图 3-1-14 所示。

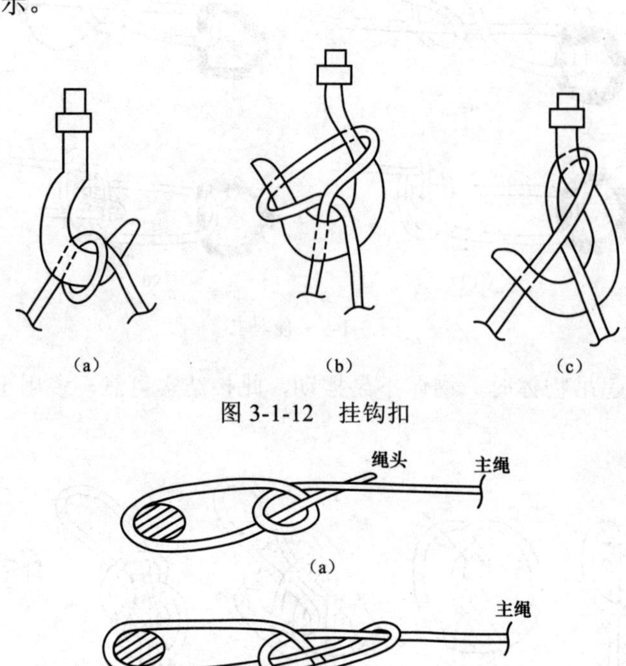

图 3-1-12　挂钩扣

图 3-1-13　钢丝绳扣

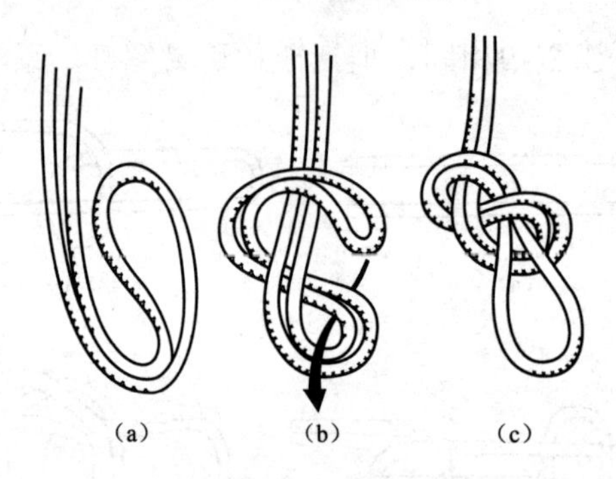

图 3-1-14　双重八字结

第二单元 金具、材料识别及组装

教学目的：

通过教学，使学员掌握常用材料的名称、用途，掌握金具的分类，金具的名称、用途，掌握配电线路金具的组装。

教学重点：

常用的材料；金具的名称、用途；金具组装。

教学难点：

金具组装。

教学内容：

一、配电线拉线金具的分类

配电线路金具分为耐张线夹、悬垂线夹、连接金具、接续金具、防护金具。

二、配电线路常用的金具

（一）耐张线夹

1. 作用

耐张线夹用于架空电力线路的承力杆塔导线或避雷线终端固定及拉线杆塔终端固定。耐张线夹承担着导线、地线、拉线的全部张力。

2. 配电线路常用耐张线夹

（1）螺栓型耐张线夹：结构及选用参见图 3-2-1、表 3-2-1。

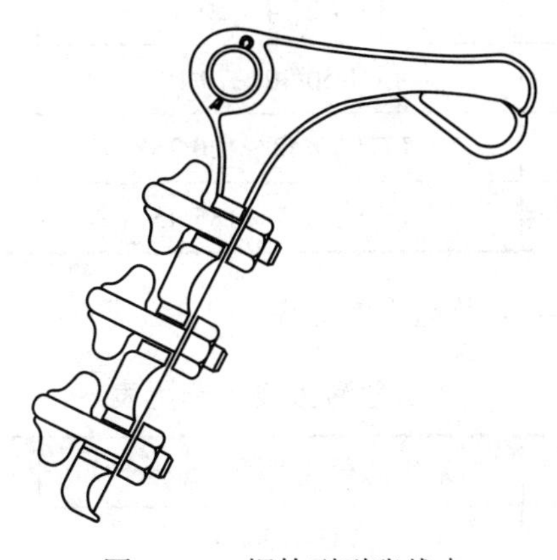

图 3-2-1 螺栓型耐张线夹

表 3-2-1　　NLD 型耐张线夹选用表

耐张线夹型号	适用的导线型号（mm^2）		备　注
	LJ-	LGJ-	
NLD-1	LJ-16～50	LGJ-35～50	
NLD-2	LJ-70～120	LGJ-70～95	
NLD-3	LJ-150～185	LGJ-120～150	
NLD-4		LGJ-185～240	

（2）NLL 型铝合金耐张线夹：外形及选用参见图 3-2-2、表 3-2-2。

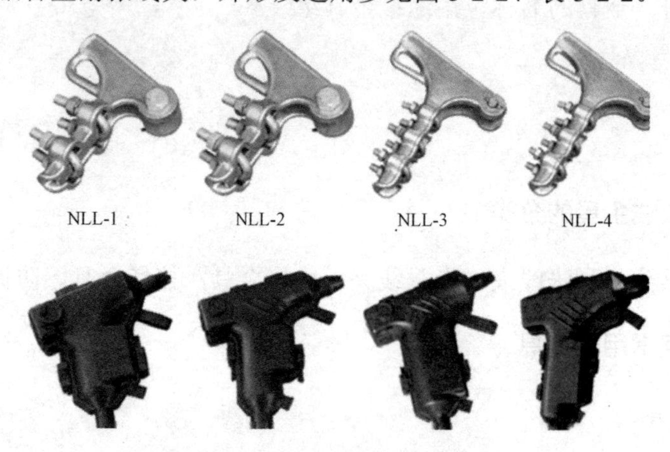

图 3-2-2　NLL 型铝合金耐张线夹

表 3-2-2　　NLL 型铝合金耐张线夹选用表

耐张线夹型号	适用的导线型号（mm^2）	备　注
	LGJ-	
NLL-1	LGJ-25/4～50/8	
NLL-2	LGJ-50/30～70/10	
NLL-3	LGJ-70/40～120/25	
NLL-4	LGJ-120/7～185/45	

（3）压缩型耐张线夹：结构及选用参见图 3-2-3、表 3-2-3。

表 3-2-3　　NY 型耐张线夹选用表

液压耐张线夹型号	适用的导线型号（mm^2）	备　注
NY-150/20	LGJ-150/20	
NY-185/25	LGJ-185/25	
NY-240/30	LGJ-240/30	

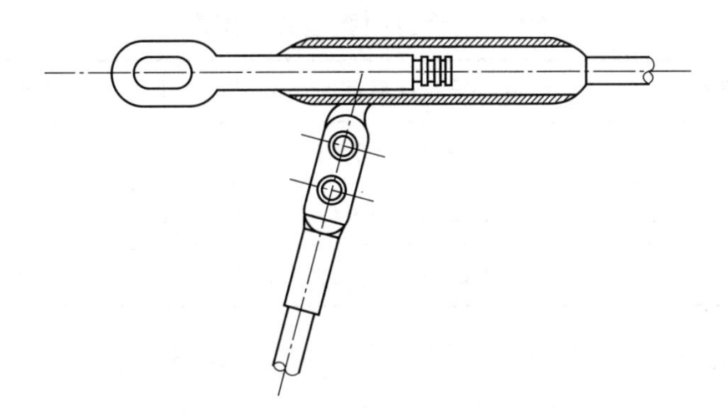

图 3-2-3　压缩型耐张线夹

（4）NXJ 楔型绝缘耐张线夹：构造与选用参见图 3-2-4、表 3-2-4。

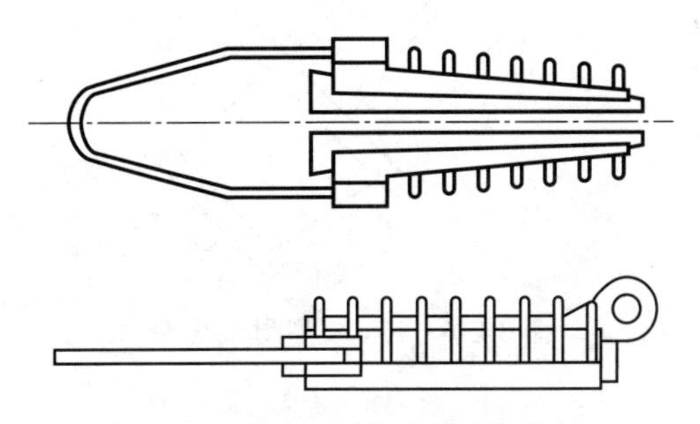

图 3-2-4　NXJ 楔型绝缘耐张线夹

表 3-2-4　NXJ 型绝缘耐张线夹选用表

耐张线夹型号	适用导线标称截面（mm^2）	备　　注
NXJ-2	70～95	
NXJ-3	120～150	
NXJ-4	185～240	

（5）NXL 型绝缘耐张线夹：构造与选用参见图 3-2-5、表 3-2-5。

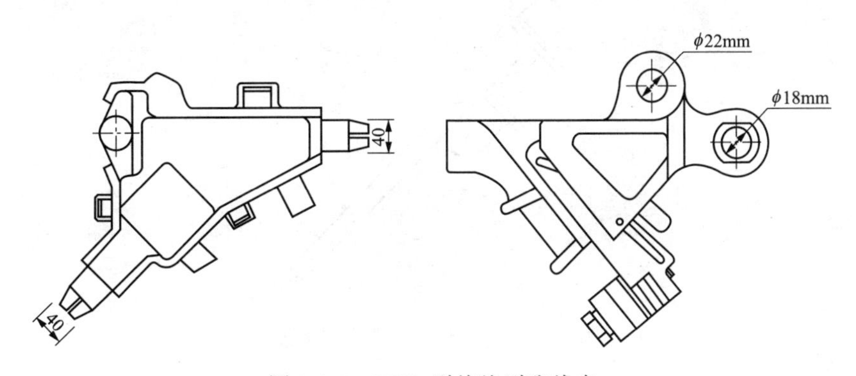

图 3-2-5　NXL 型绝缘耐张线夹

表 3-2-5　　　　　　　　　　NXL 型绝缘耐张线夹选用表

耐张线夹型号	适用导线标称截面（mm^2）	剥线长度（mm）
NXL-1	JKL（G）YJ-50～95	245
NXL-2	JKL（G）YJ-120～150	255
NXL-3	JKL（G）YJ-185～240	300

（6）NX 楔型耐张线夹：构造及选用参见图 3-2-6、表 3-2-6。

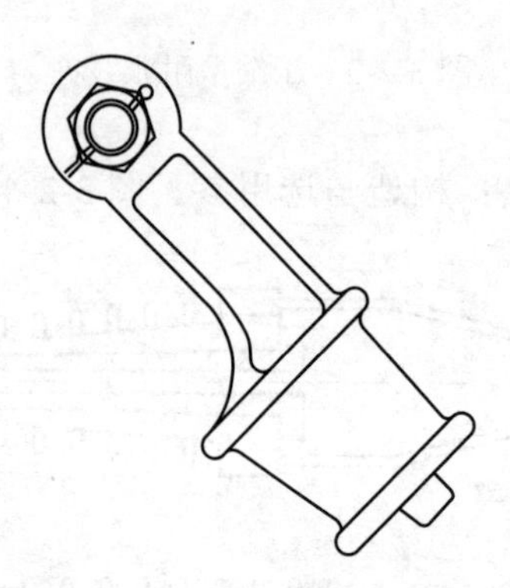

图 3-2-6　NX 楔型耐张线夹

表 3-2-6　　　　　　　　　　NX 型楔型耐张线夹选用表

耐张线夹型号	适用的导线型号（mm^2）	备　　注
	GJ-	
NX-1	GJ-25～35	
NX-2	GJ-50～70	

（7）楔型 NUT 型耐张线夹：结构及选用参见图 3-2-7、表 3-2-7。

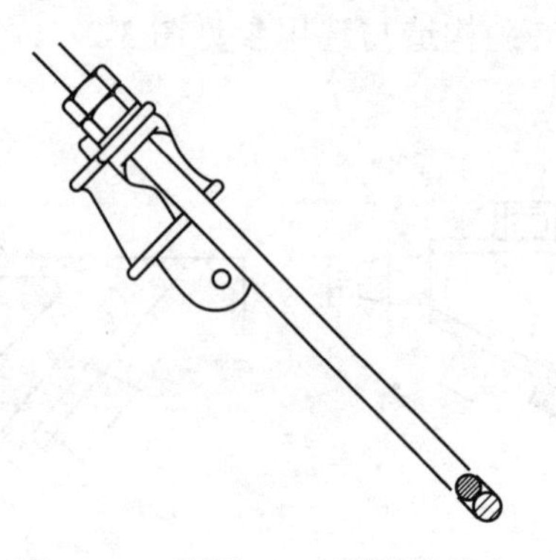

图 3-2-7　楔型 NUT 型耐张线夹

表 3-2-7　　　　NUT 型楔型耐张线夹选用表

耐张线夹型号	适用的导线型号（mm^2） GJ-	备　　注
NUT-1	GJ-25～35	
NUT-2	GJ-50～70	

（二）悬垂线夹

1. 作用

悬垂线夹主要用于架空电力线路，通过悬垂线夹将导线、避雷线悬挂在绝缘子串上或将避雷线悬挂在杆塔上。

2. 配电线路常用悬垂线夹

配电线路常用悬垂线夹结构及选用参见图 3-2-8、表 3-2-8。

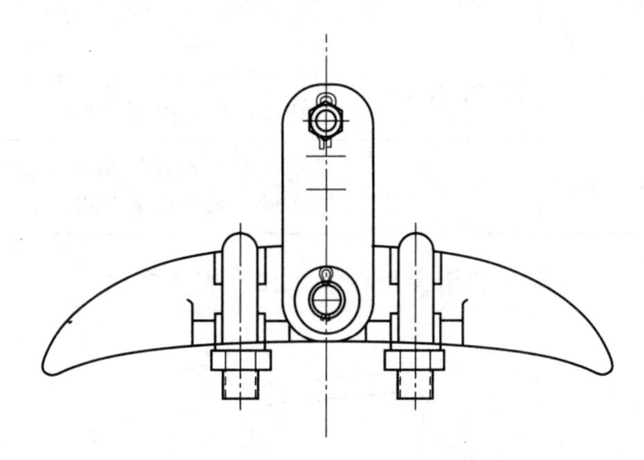

图 3-2-8　悬垂线夹

表 3-2-8　　　　悬垂线夹选用表

悬垂线夹型号	适用的导线直径范围（mm）（包括加包缠物）	备　　注
XGU-2	7.1～13.0	
XGU-3	13.1～21.0	
XGU-4	21.1～26.0	

（三）连接金具

1. 作用

连接金具是用来将悬式绝缘子组装成串，悬挂在杆塔上。直线杆塔用的悬垂线夹及非直线杆塔用的耐张线夹与绝缘子串的连接也是由连接金具组装在一起。

2. 配电线路常用的连接金具

（1）球头挂环：结构及选用参见图 3-2-9、表 3-2-9。

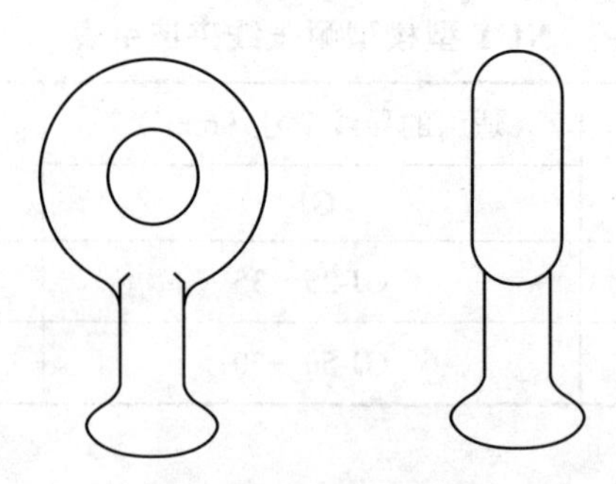

图 3-2-9 球头挂环

表 3-2-9 **球头挂环选用表**

名 称	规格型号	适用绝缘子	适 用 范 围
球头挂环	Q-7	XP-7	适用于耐张绝缘子串上球窝型绝缘子与直角挂板之间的连接，破坏荷重 70kN
球头挂环	QP-7	XP-7，X-4.5	适用于耐张绝缘子串上球窝型绝缘子与直角挂板之间的连接，破坏荷重 70kN
球头挂环	QP-10	XP-10	适用于耐张绝缘子串上球窝型绝缘子与直角挂板之间的连接，破坏荷重 100kN

（2）双联碗头挂环：结构及选用参见图 3-2-10、表 3-2-10。

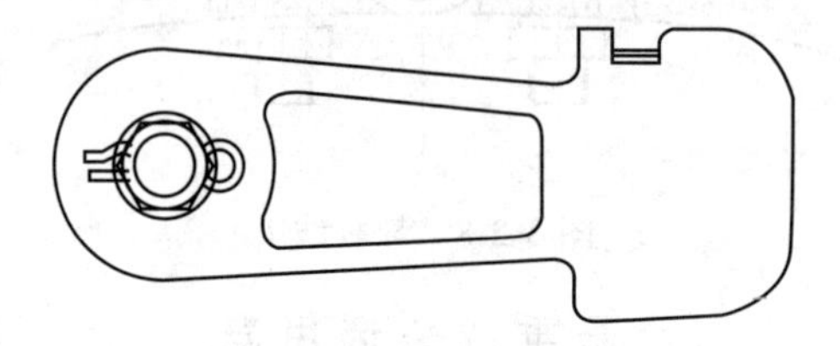

图 3-2-10 双联碗头挂环

表 3-2-10 **双联碗头挂环选用表**

名 称	规格型号	适用绝缘子	适 用 范 围
碗头挂板（短）	W-7A	XP-7，X-4.5	用于将直杆塔用的悬垂线夹或非直线杆塔用的耐张线夹与绝缘子串连接起来，破坏荷重 70kN
碗头挂板（长）	W-7B	XP-7，X-4.5	用于将直杆塔用的悬垂线夹或非直线杆塔用的耐张线夹与绝缘子串连接起来，破坏荷重 70kN
碗头挂板	W-10	XP-16	用于将直杆塔用的悬垂线夹或非直线杆塔用的耐张线夹与绝缘子串连接起来，破坏荷重 100kN
碗头挂板（双联）	WS-7	XP-7	用于将直杆塔用的悬垂线夹或非直线杆塔用的耐张线夹与绝缘子串连接起来，破坏荷重 70kN

（3）直角挂板：结构及选用参见图 3-2-11、表 3-2-11。

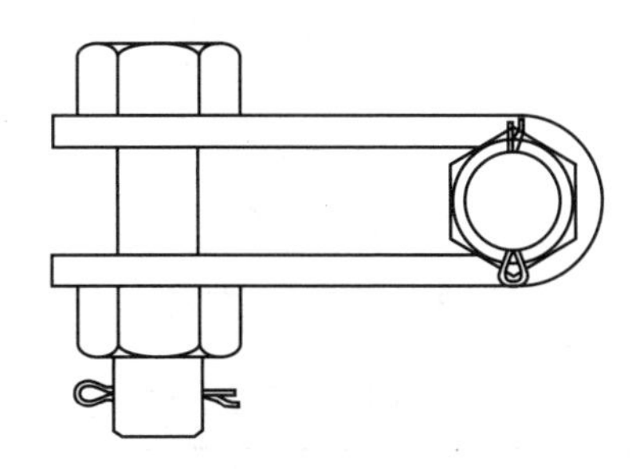

图 3-2-11 直角挂板

表 3-2-11 **直角挂板选用表**

名 称	规格型号	适 用 范 围
直角挂板	Z-7	用于耐张绝缘子串与横担之间的连接，破坏荷重 70kN
直角挂板	Z-10	用于耐张绝缘子串与横担之间的连接，破坏荷重 100kN
直角挂板	Z-12	用于耐张绝缘子串与横担之间的连接，破坏荷重 120kN

（4）U 型挂环：结构及选用参见图 3-2-12、表 3-2-12。

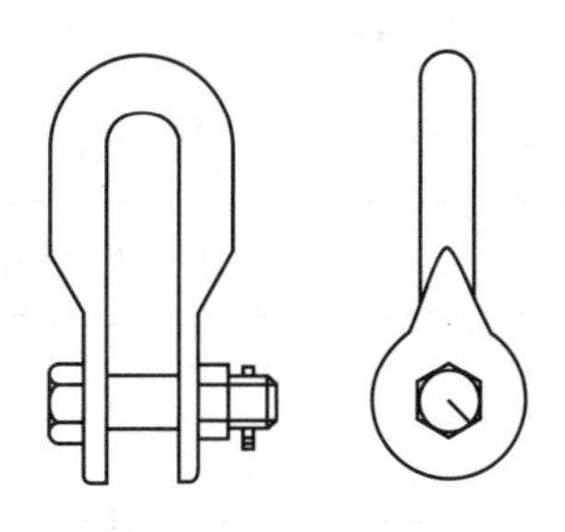

图 3-2-12 U 型挂环

表 3-2-12 **U 型挂环选用表**

名 称	规格型号	适 用 范 围
U 型挂环	U-7	用于槽型耐张绝缘子串与横担之间的连接，也可在起吊重物时与钢丝绳套配合使用，破坏荷重 70kN
U 型挂环	U-10	用于槽型耐张绝缘子串与横担之间的连接，也可在起吊重物时与钢丝绳套配合使用，破坏荷重 100kN
U 型挂环	U-12	用于槽型耐张绝缘子串与横担之间的连接，也可在起吊重物时与钢丝绳套配合使用，破坏荷重 120kN

（5）U 型螺栓：结构及选用参见图 3-2-13、表 3-2-13。

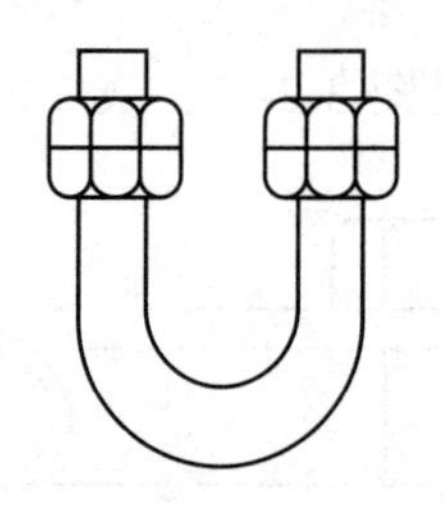

图 3-2-13 U 型螺栓

表 3-2-13 **U 型螺栓选用表**

名 称	规格型号	适 用 范 围
U 型螺栓	U-1880	用于直线杆塔悬挂悬式绝缘子串，破坏荷重 35.3kN
U 型螺栓	U-2080	用于直线杆塔悬挂悬式绝缘子串，破坏荷重 47.0kN
U 型螺栓	U-2280	用于直线杆塔悬挂悬式绝缘子串，破坏荷重 56.8kN

（四）接续金具

1. 作用

用于架空电力线路的导线及避雷线的终端，承受导线及避雷线全部张力的接续和不承受全张力的接续。接续金具既承受导线或避雷线的全部拉力，又是导电体。

2. 配电线路常用的接续金具

（1）钢芯铝绞线接续管：结构及选用参见图 3-2-14、表 3-2-14。

表 3-2-14 **钢芯铝绞线接续管选用**

型 号	适用导线	主要尺寸（mm）				握力（≥kN）
		D	D_1	L	L_1	
JY-95/15	LGJ-95/15	26	14	410	120	33.5
JY-95/20	LGJ-95/20	26	14	410	130	35.5
JY-120/20	LGJ-120/20	30	14	450	130	39.0
JY-120/25	LGJ-120/25	30	14	450	150	45.5
JY-150/20	LGJ-150/20	30	14	470	130	44.0
JY-150/25	LGJ-150/25	30	14	510	150	51.5
JY-150/35	LGJ-150/35	30	16	510	180	62.0
JY-185/25	LGJ-185/25	32	14	540	150	56.5
JY-185/30	LGJ-185/30	32	16	540	170	61.5
JY-185/45	LGJ-185/45	34	18	570	200	76.5

续表

型　　号	适用导线	主要尺寸（mm）				握力（≥kN）
		D	D_1	L	L_1	
JY-240/30	LGJ-240/30	36	16	590	170	72.0
JY-240/40	LGJ-240/40	36	16	590	190	79.0
JY-240/55	LGJ-240/55	36	20	640	230	97.0
JY-300/15	LGJ-300/15	40	14	580	120	65.0
JY-300/20	LGJ-300/20	40	14	580	140	72.0
JY-300/25	LGJ-300/25	40	14	600	160	79.5
JY-300/40	LGJ-300/40	40	16	640	190	88.0
JY-300/50	LGJ-300/50	40	18	660	210	98.5
JY-300/70	LGJ-300/70	42	22	710	260	122.0
JY-400/20	LGJ-400/20	45	14	580	140	84.5
JY-400/25	LGJ-400/25	45	14	680	160	91.0
JY-400/35	LGJ-400/35	45	16	680	180	99.0
JY-400/50	LGJ-400/50	45	20	730	220	117.0
JY-400/65	LGJ-400/65	48	22	760	250	128.5
JY-400/95	LGJ-400/95	48	24	830	300	163.0
JY-500/35	LGJ-500/35	52	16	760	180	114.0
JY-500/45	LGJ-500/45	52	18	760	200	122.0
JY-500/65	LGJ-500/65	52	22	820	250	146.5
JY-630/45	LGJ-630/45	60	18	840	200	141.5
JY-630/55	LGJ-630/55	60	20	880	230	156.5
JY-630/80	LGJ-630/80	60	24	940	280	183.5
JY-800/55	LGJ-800/55	65	20	950	230	183.0
JY-800/70	LGJ-800/70	65	22	980	260	197.0
JY-800/100	LGJ-800/100	65	26	1050	310	229.0

注　外管为铝制件，内管为热镀锌钢制件。

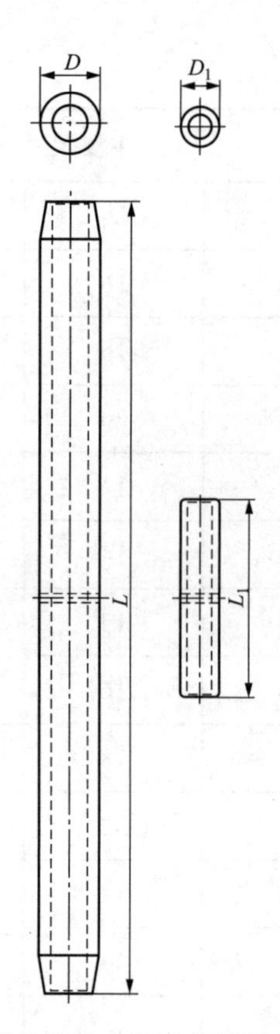

图 3-2-14　JY 型接续管（钢芯铝铰线用、液压对接）

（2）钳压接续管：结构及选用参见图 3-2-15、表 3-2-15。

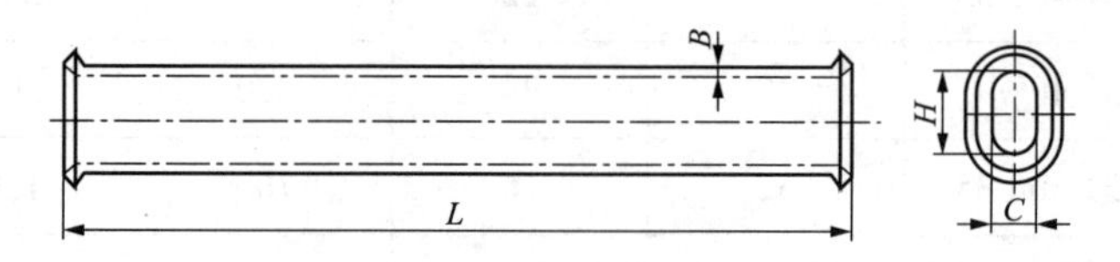

图 3-2-15　钳压接续管

表 3-2-15　　　　　　　　**钳压接续管选用表**

导线型号		压口数	压后尺寸 D（mm）	钳压部位尺寸（mm）		
				a_1	a_2	a_3
钢芯铝绞	LGJ-35/6	14	17.5	34	42.5	93.5
	LGJ-50/8	16	20.5	38	48.5	105.5
	LGJ-70/10	16	25.0	46	54.5	123.5
	LGJ-95/20	20	29.0	54	61.5	142.5
	LGJ-120/20	24	33.0	62	67.5	160.5
	LGJ-150/20	24	36.0	64	70	166
	LGJ-185/25	26	39.0	66	74.5	173.5

（3）JB 并沟线夹：结构及选用参见图 3-2-16、表 3-2-16。

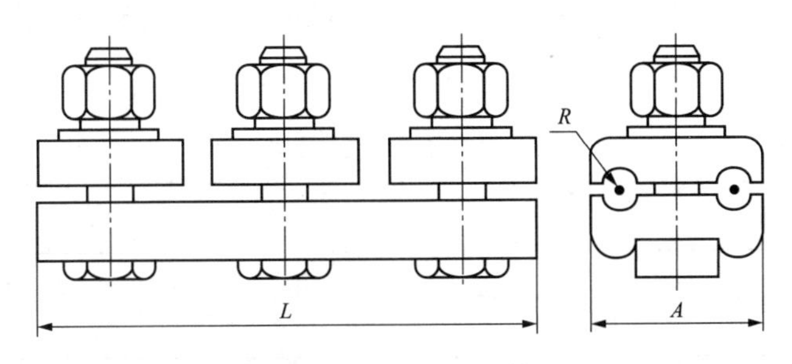

图 3-2-16　JB 并沟线夹

表 3-2-16　　钳压接续管钳压接续管选用表

型号	适用导线范围	螺栓	主要尺寸		
			A	*L*	*R*
JB-0	16～25	2-M10×40	35	72	4
JB-1	35～50	2-M12×45	46	80	5.5
JB-2	70～95	3-M12×50	50	114	7.5
JB-3	120～150	3-M16×60	62	140	9
JB-4	185～240	3-M16×65	71	144	11
JB-5	300～400	4-M20×85	90	200	14.5
JB-6	500～630	4-M20×95	110	230	18.5

注　线夹本体和盖板热挤压型材铝制品，其余为热镀锌钢制件。

（4）异型线夹：外形及选用参见图 3-2-17、表 3-2-17。

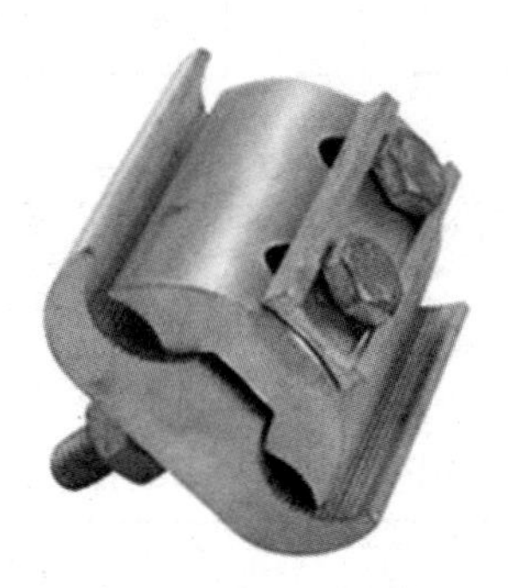

图 3-2-17　异型线夹

（五）防护金具

1. 作用

加强导线抗振能力和消除导线振动。

2. 配电线路常用的防护金具

（1）预绞丝。预绞丝护线条多数用于对有缺陷的压接管或断股较为严重的导线进行补强，其结构及选用参见图 3-2-18、表 3-2-18。

表 3-2-17　　异型线夹选用表

序号	名称	规格	使用范围
1	异型铝并沟线夹	JBL-6-35	适用于直径 6～35mm 的钢芯铝绞线或铝绞线连接
2	异型铝并沟线夹	JBL-16-70	适用于直径 16～70mm 的钢芯铝绞线或铝绞线连接
3	异型铝并沟线夹	JBL-35-120	适用于直径 35～120mm 的钢芯铝绞线或铝绞线连接
4	异型铝并沟线夹	JBL-50-240	适用于直径 50～240mm 的钢芯铝绞线或铝绞线连接
5	异型铝并沟线夹	JBL-120-400	适用于直径 120～400mm 的钢芯铝绞线或铝绞线连接
6	异型铜并沟线夹	JBT-10-70	适用于直径 10～70mm 的铜导线连接
7	异型铜并沟线夹	JBT-35-120	适用于直径 35～120mm 的铜导线连接
8	异型铜并沟线夹	JBT-50-240	适用于直径 50～240mm 的铜导线连接
9	异型铜铝并沟线夹	JB-TL-10-70	适用于直径 50～240mm 的钢芯铝绞线或铝绞线与铜导线连接
10	异型铜铝并沟线夹	JB-TL-35-120	适用于直径 50～240mm 的钢芯铝绞线或铝绞线与铜导线连接
11	异型铜铝并沟线夹	JB-TL-50-240	适用于直径 50～240mm 的钢芯铝绞线或铝绞线与铜导线连接

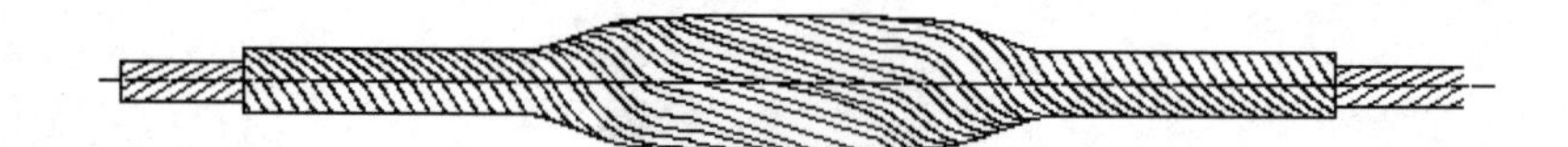

图 3-2-18　预绞丝

表 3-2-18　　预绞丝组装图选用表

序号	名称	规格	使用范围	备注
1	护线预绞丝	FYB-95	适用于 LGJ-95/（15、20、55）型号导线修补	
2	护线预绞丝	FYB-120	适用于 LGJ-120/（7、20、25）型号导线修补	
3	护线预绞丝	FYB-150	适用于 LGJ-150/（8、20、25、35）型号导线修补	

续表

序号	名称	规格	使用范围	备注
4	护线预绞丝	FYH-95	适用于 LGJ-95/（15、20、55）型号导线修补	
5	护线预绞丝	FYH-120	适用于 LGJ-120/（7、20、25、70）型号导线修补	
6	护线预绞丝	FYH-150	适用于 LGJ-150/（8、20、25、35）型号导线修补	
7	护线预绞丝	FYH-185	适用于 LGJ-185/（10、25、30、45）型号导线修补	

（2）防振锤。防振锤只是一段铁棒，由于它加挂在线路塔杆悬点处，以吸收或减弱振动能量，改变线路摇摆频率，防止线路的振动或舞动。防振锤结构及选用参见图 3-2-19、表 3-2-19。

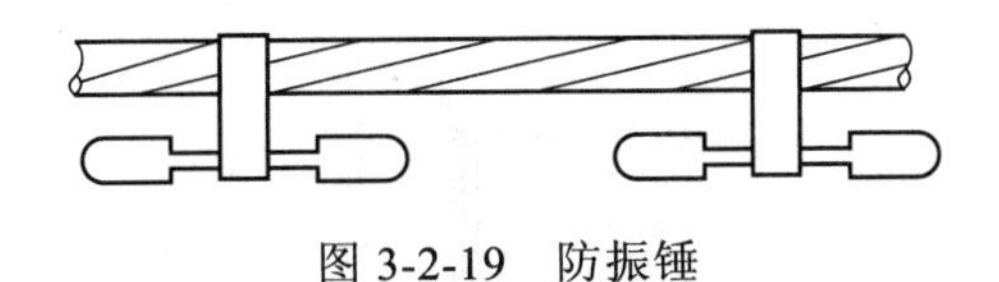

图 3-2-19　防振锤

表 3-2-19　　防振锤选用表

序号	名称	规格	使用范围
1	铝绞线防振锤	FD-1	适用于直径 7.5～9.6mm 的钢芯铝绞线或铝绞线防振处理
2	铝绞线防振锤	FD-2	适用于直径 10.8～14mm 的钢芯铝绞线或铝绞线防振处理
3	铝绞线防振锤	FD-3	适用于直径 14.5～17.5mm 的钢芯铝绞线或铝绞线防振处理
4	铝绞线防振锤	FD-4	适用于直径 18.1～22mm 的钢芯铝绞线或铝绞线防振处理
5	铝绞线防振锤	FD-5	适用于直径 23～29mm 的钢芯铝绞线或铝绞线防振处理
6	铝绞线防振锤	FD-6	适用于直径 29～35mm 的钢芯铝绞线或铝绞线防振处理
7	钢绞线防振锤	FG-35	适用于直径 7.8mm 以下的钢绞线防振处理
8	钢绞线防振锤	FG-50	适用于直径 9～9.6mm 的钢绞线防振处理
9	钢绞线防振锤	FG-70	适用于直径 11～11.5mm 的钢绞线防振处理
10	钢绞线防振锤	FG-100	适用于直径 13mm 以上钢绞线防振处理

三、配电线路常用的绝缘子

（1）针式绝缘子：结构及选用参见图 3-2-20、表 3-2-20。

（2）悬式绝缘子（P-7）：结构及选用参见图 3-2-21、表 3-2-21。

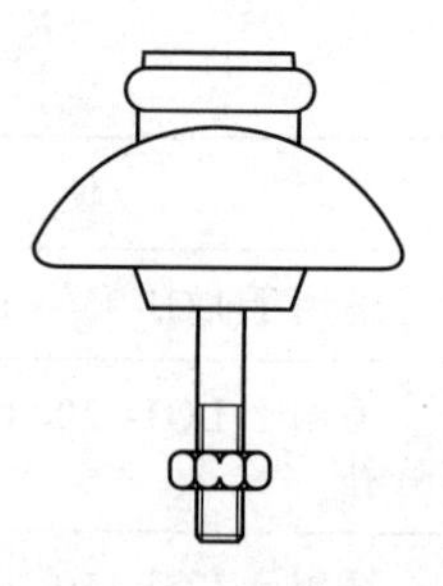

图 3-2-20　针式绝缘子

表 3-2-20　　　　针式绝缘子针式绝缘子选用表

序号	名　　称	规　　格
1	针式绝缘子	P-10M、P-10T
2	针式绝缘子	P-15M、P-15T

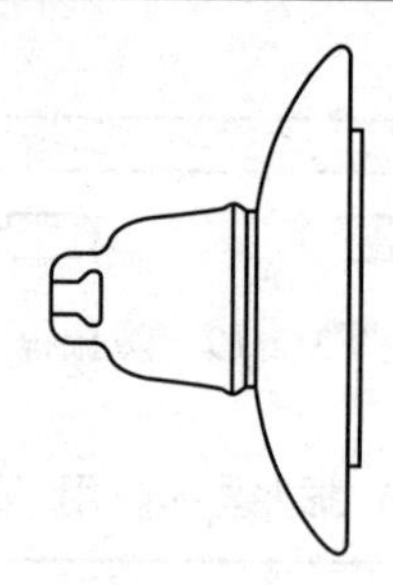

图 3-2-21　悬式绝缘子（P-7）

表 3-2-21　　　　悬式绝缘子选用表

序号	名　　称	规　　格
1	悬式绝缘子	XP-70
2	悬式绝缘子	XP-100

（3）棒式绝缘子：结构及选用参见图 3-2-22、表 3-2-22。

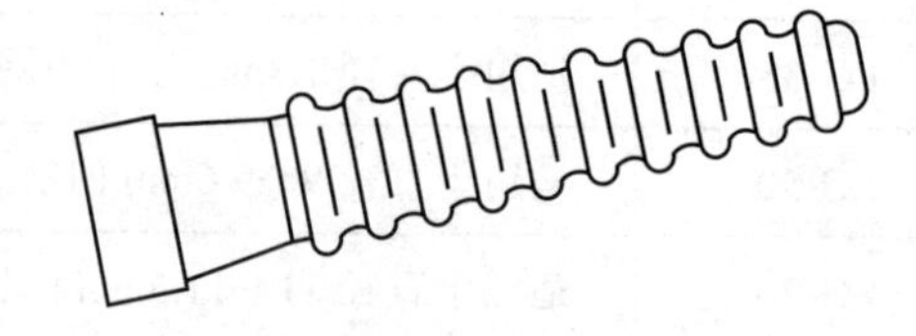

图 3-2-22　棒式绝缘子

表 3-2-22　　　　棒式绝缘子选用表

序号	名　　称	规　　格
1	针式绝缘子	S-185

续表

序号	名　　称	规　　格
2	针式绝缘子	S-210
3	针式绝缘子	S-250

四、金具组装图

（一）10kV 螺栓型耐张绝缘子串组装图（见图 3-2-23）

NLD 型耐张线夹、NLL 型铝合金耐张线夹选用表及材料表参见表 3-2-23～表 3-2-25。

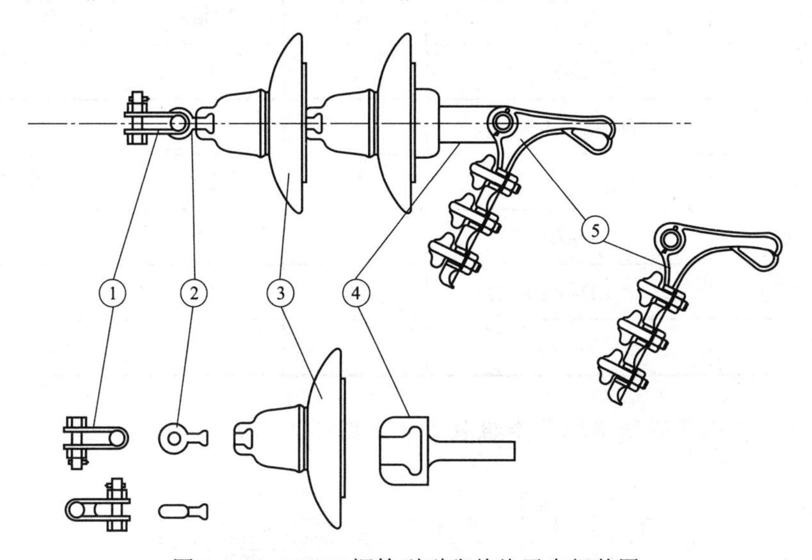

图 3-2-23　10kV 螺栓型耐张绝缘子串组装图

表 3-2-23　　NLD 型耐张线夹选用表

耐张线夹型号	适用的导线型号（mm^2）		备　　注
	LJ-	LGJ-	
NLD-1	16～50	35～50	
NLD-2	70～120	70～95	
NLD-3	150～185	120～150	
NLD-4		185～240	

表 3-2-24　　NLL 型铝合金耐张线夹选用表

耐张线夹型号	适用的导线型号（mm^2）	备　　注
	LGJ-	
NLL-1	25/4～50/8	

续表

耐张线夹型号	适用的导线型号（mm²）	备　　注
	LGJ-	
NLL-2	50/30～70/10	
NLL-3	70/40～120/25	
NLL-4	120/7～185/45	

表 3-2-25　　　　材　料　表

名　称	规　格	单位	数量	备　　注
直角挂板	Z-7	个	1	
球头挂环	Q-7（QP-7）	个	1	
绝缘子		片	2	设计选定
碗头挂板	W-7B	个	1	
耐张线夹	NLD-/NLL-	套	1	设计选定
铝包带	–1×10			

（二）10kV 绝缘线耐张绝缘子串组装图（见图 3-2-24）

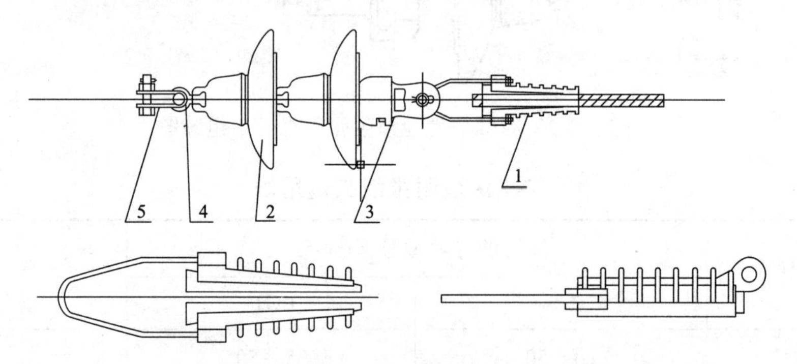

图 3-2-24　10kV 绝缘线耐张绝缘子串组装图

NXJ 型绝缘耐张线夹选用表和材料表见表 3-2-26 和表 3-2-27。

表 3-2-26　　　　NXJ 型绝缘耐张线夹选用表

耐张线夹型号	适用导线标称截面（mm²）	备　　注
NXJ-2	70～95	
NXJ-3	120～150	
NXJ-4	185～240	

表 3-2-27　　　　　　　　　材　料　表

名　称	规　格	单位	数量	备　　注
耐张线夹	按导线截面选	套	1	
盘形悬式绝缘子		片	2	
碗头挂板	WS-7	个	1	
球头挂环	Q-7（QP-7）	个	1	
直角挂板	Z-7	个	1	

（三）10kV 压接型耐张绝缘子串组装（见图 3-2-25）

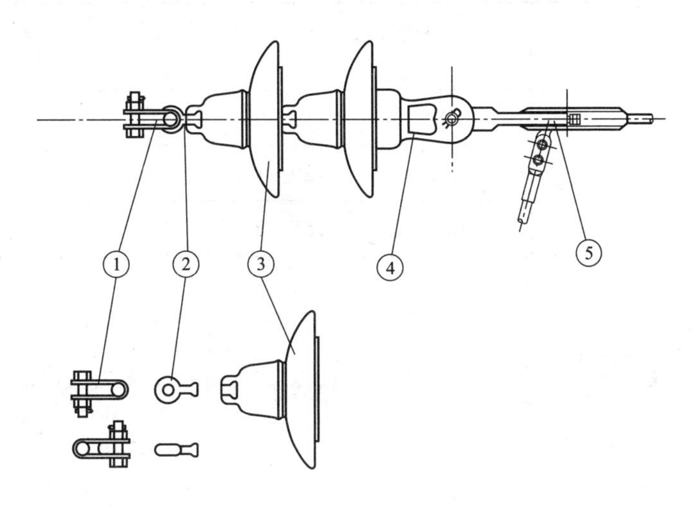

图 3-2-25　10kV 压接型耐张绝缘子串组装

NY 型铝合金耐张线夹选用表和材料表见表 3-2-28、表 3-2-29。

表 3-2-28　　　　　　NY 型铝合金耐张线夹选用表

液压耐张线夹型号	适用的导线型号（mm^2）	备　　注
NY-150/20	150/20	
NY-185/25	185/25	
NY-240/30	240/30	

表 3-2-29　　　　　　　　　材　料　表

名　称	规　格	单位	数量	备　　注
直角挂板	Z-7	个	1	
球头挂环	Q-7（QP-7）	个	1	

续表

名　称	规　格	单位	数量	备　　注
绝缘子		片	2	设计选定
碗头挂板	WS-7	个	1	
耐张线夹	NY-	套	1	按导线截面选取

（四）耐张线夹金具组装图（见图 3-2-26）

NXL 型绝缘耐张线夹选用表和材料表见表 3-2-30、表 3-2-31。

表 3-2-30　　NXL 型绝缘耐张线夹选用表

耐张线夹型号	适用导线标称截面（mm^2）	剥线长度（mm）
NXL-1	JKL（G）YJ-50～95	245
NXL-2	JKL（G）YJ-120～150	255
NXL-3	JKL（G）YJ-185～240	300

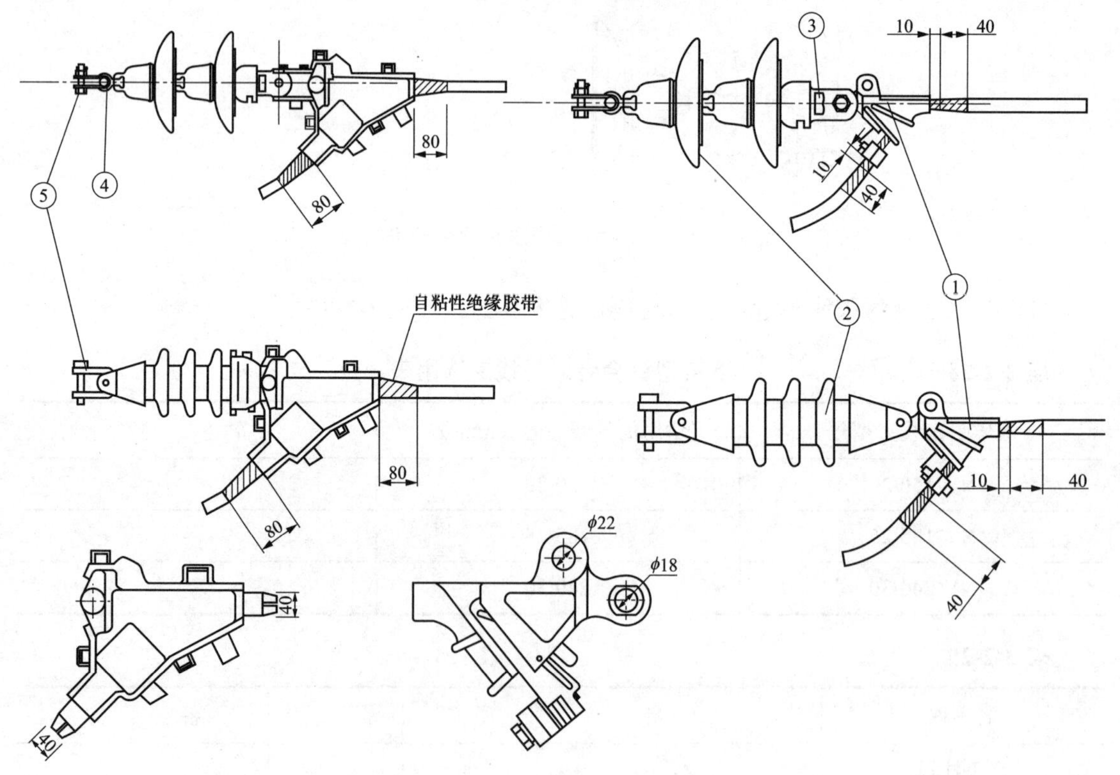

图 3-2-26　耐张线夹金具组装图

表 3-2-31　　材 料 表

名 称	规 格	单位	数量	备 注
耐张线夹	按导线截面选	套	1	配绝缘罩
盘形悬式绝缘子	XP-70	片	2	配绝缘罩
双铁头瓷拉棒	SL-15/30	套	1	
碗头挂板	WS-7	个	1	
球头挂环	Q-7（QP-7）	个	1	
直角挂板	Z-7	个	1	
挂板	PD-7	个	1	

（五）耐张绝缘子串组装图（液压型）（见图 3-2-27）

瓷横担尺寸表和材料表见表 3-2-32、表 3-2-33。

表 3-2-32　　瓷 横 担 尺 寸 表

型号	外形尺寸（mm）												型号（kg）
	L	L_1	L_2	L_3	$\phi 1$	$\phi 2$	$\phi 3$	$\phi 4$	c	d	R	r	
S-185	450	310	80	32	46	70	18	6	14	22	—	11	4.5
S-210	524	360	80	32	45	70	18	6	14	22	—	11	4.5
S-250	510	365	30	30	44	75	18	6.5	10	22	8	10	5.0

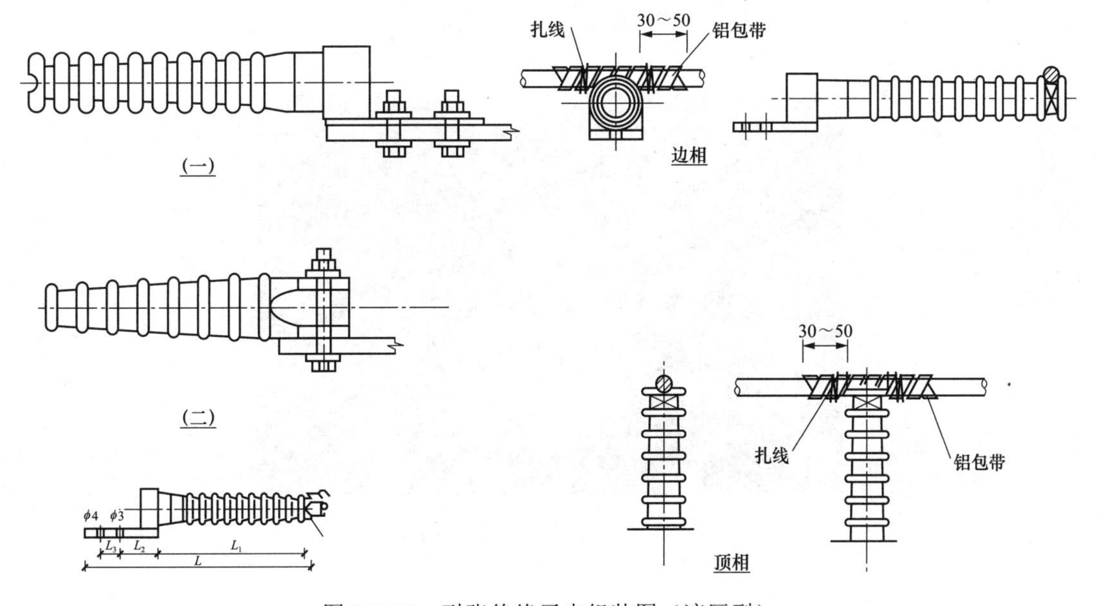

图 3-2-27　耐张绝缘子串组装图（液压型）

表 3-2-33　　材　料　表

名　　称	型号及规范	单　位	数　量	
			（一）	（二）
瓷横担绝缘子	SC-185.S-210/250	个	1	
瓷横担绝缘子	SC-210Z/250.SC-210/250	个		1
螺栓	M16×50	个	1	
螺栓	M16×120	个		1
螺栓	M6×30	个	1	
螺母	M16	个	1	1
螺母	M6	个	1	
橡胶垫片	60×60	个		2
垫圈	16	个	2	2
垫圈	6	个	2	

五、配电线路常用导线

（一）钢芯铝绞线（见图 3-2-28、图 3-2-29）

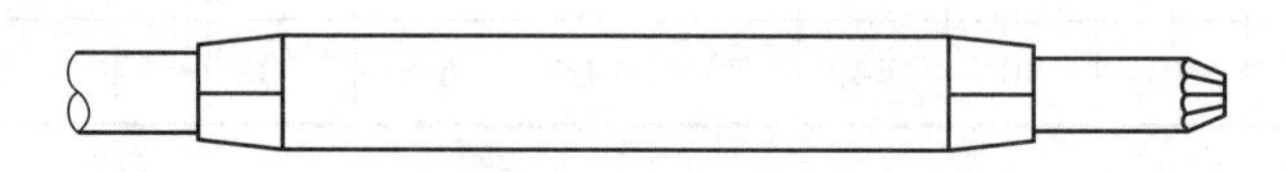

图 3-2-28　钢芯铝绞线

图 3-2-29　钢芯铝绞线实物图

LGJ 型钢芯铝绞线规格见表 3-2-34。

表 3-2-34　　LGJ 型钢芯铝绞线规格

标称截面（mm^2）	股数/直径（mm）		计算截面（mm^2）		外径（mm）	直流电阻不大于（Ω/km）	计算拉断力（N）	单位重量（kg/km）
	铝	钢	铝	钢				
35/6	6/2.72	1/2.72	34.86	5.81	8.16	0.8230	12630	141.0
50/8	6/3.20	1/3.20	48.25	8.04	9.60	0.5946	16870	195.1
50/30	12/2.32	7/2.32	50.73	29.59	11.60	0.5692	42620	372.0
70/10	6/3.80	1/3.80	68.05	11.34	11.40	0.4217	23390	275.2
70/40	12/2.72	7/2.72	69.73	40.67	13.60	0.4141	58600	511.3
95/15	26/2.15	7/1.67	94.39	15.33	13.61	0.30581	35000	380.8
95/20	7/4.16	7/1.85	95.14	18.82	13.87	0.3019	37200	408.9
95/55	12/3.20	7/3.20	96.51	56.30	16.000	0.2992	78110	707.7
120/7	18/2.90	1/2.90	118.89	6.61	14.50	0.2422	27570	379.0
120/20	26/2.38	7/1.85	115.67	18.82	15.07	0.2496	41000	466.8
120/25	7/4.72	7/2.10	122.48	24.25	15.74	0.2345	47880	526.6
120/70	12/3.60	7/3.60	122.15	71.25	18.00	0.2364	98370	895.6
150/8	18/3.20	1/3.20	144.76	8.04	16.00	0.1989	32860	461.1
150/20	24/2.78	7/1.85	145.68	18.82	16.67	0.1980	46630	549.4
150/25	26/2.70	7/2.10	148.86	24.25	17.10	0.1939	54110	601.0
150/35	30/2.50	7/2.50	147.26	34.36	17.50	0.1962	65020	676.2
185/10	18/3.60	1/3.60	183.22	10.18	18.00	0.1572	40880	584.0
185/25	24/3.15	7/2.10	187.04	24.25	18.90	0.1542	59420	706.1
185/30	26/2.98	7/2.32	181.34	29.59	18.88	0.1592	64320	732.6
185/45	30/2.80	7/2.80	184.73	43.10	19.60	0.1564	80190	848.2
240/30	24/3.60	7/2.40	244.29	31.67	21.60	0.1181	75620	922.2
240/40	26/3.42	7/2.66	238.85	38.90	21.66	0.1209	83370	964.3
240/55	30/3.20	7/3.20	241.27	56.30	22.40	0.1198	102100	1108

（二）架空绝缘线（见图 3-2-30、图 3-2-31）

图 3-2-30　绝缘导线

图 3-2-31　绝缘导线实物图

1kV 绝缘架空线技术参数见表 3-2-35。

表 3-2-35　　　　　　1kV 绝缘架空线技术参数

芯数	型号	规格（mm^2）	电缆外径（mm）	理论重量（kg/km）	载流量（A）
1 芯	JKLYJ	10	6.5	43.61	68
		16	8	63.63	93
		25	9.4	92.34	125
		35	11	127.38	150
		50	12.3	175.46	185
		70	14.1	238.18	235
		95	16.5	322.69	295
		120	18.1	393.82	345
		150	20.2	490.33	395
		185	22.5	611.73	460
		240	25.6	772.48	550
1 芯	JKLGYJ	10/2	11	119.25	68
		16/3	11.9	150.01	93
		25/4	13.3	200.48	125
		35/6	14.4	248.96	150
		50/8	15.8	315.82	185
		70/10	17.5	410.93	235
		95/15	19.5	531.45	295
		120/20	21.2	649.29	345
		150/25	22.4	722.98	395
		185/30	24.5	896.67	460
		240/40	27.1	1133.48	550

（三）集束导线（见图 3-2-32）

图 3-2-32　集束导线

交联聚乙烯平行集束绝缘架空电缆技术参数见表 3-2-36。

表 3-2-36　　交联聚乙烯平行集束绝缘架空电缆技术参数

芯数及标称截面（mm^2）	导体直径（mm）	导体拉断力（N）		单位质量（kg/km）		参考载流量（A）	
		铜芯	铝芯	铜芯	铝芯	铜芯	铝芯
2×6	2.76	4457	1927	133	59	49	40
2×10	3.8	6942	3300	213	90	71	55
2×16	4.8	10972	5024	337	137	97	75
2×25	6.0	16930	7524	509	200	128	100
2×35	7.0	23462	10354	709	276	158	122
2×50	8.4	33004	14022	987	368	194	148
2×70	10	46922	20708	1360	484	240	189
2×95	11.6	63518	27454	1840	664	290	230
2×120	13.0	79822	34678	2298	812	347	270
4×6	2.76	8938	3853	276	119	45	37
4×10	3.8	13884	6600	428	181	59	46
4×16	4.8	21944	10048	677	281	79	63
4×25	6.0	33860	15048	1022	403	104	83
4×35	7.0	46924	20708	1423	556	130	101
4×50	8.4	66008	28044	1975	737	158	126
4×70	10.0	93844	41416	2721		202	158
3×6+1×4	2.76	8190	3552	248	112	49	39
3×10+1×6	3.8	13828	5281	388	165	59	46
3×16+1×10	4.8	19929	9186	619	260	79	63
3×25+1×16	6.0	30886	13798	936	373	104	83
3×35+1×25	7.0	43658	19293	1329	524	130	101

续表

芯数及标称截面（mm^2）	导体直径（mm）	导体拉断力（N）		单位质量（kg/km）		参考载流量（A）	
		铜芯	铝芯	铜芯	铝芯	铜芯	铝芯
3×50+1×35	8.4	63217	26210	1841	696	158	126
3×70+1×50	10.0	86885	38073	2542	932	202	158
3×95+1×70	11.0	118738	51535	3458	1261	248	194
3×120+1×95	13.0	151492	65744	4364	1548	292	227

六、金具组装危险点分析及预控措施

金具组装危险点分析和预控措施见表 3-2-37。

表 3-2-37　　金具组装危险点分析和预控措施

危　险　点	预　控　措　施
钢化玻璃绝缘子自爆	戴护目镜
金具上毛刺	戴手套

第三单元　登杆、绝缘子及横担更换

教学目的：

通过教学，使学员掌握登杆作业基本要求及方法，熟悉绝缘子及横担更换所需工器具和材料、工作流程及安全注意事项；通过训练，能按照 Q/CSG 50001—2015《中国南方电网有限责任公司电力安全工作规程》要求规范进行登杆作业，能按照质量和工艺要求熟练开展绝缘子及横担更换工作。

教学重点：

绝缘子及横担更换工作流程；绝缘子及横担更换的工艺和质量要求；登杆、绝缘子及横担更换危险点分析及预控措施；绝缘子及横担更换工器具和材料选择。

教学难点：

高空作业的风险点及预控措施，绝缘子及横担更换工作流程。

教学内容：

一、登杆、绝缘子及横担更换工作的基本要求

（1）正确选择工器具及材料（详细清单见附表），并进行外观检查（含产品合格证、试验检验有效期）。

（2）正确穿戴劳动防护用品（安全帽、安全带、劳保服等）。

（3）进入作业场所，首先应核对线路名称及杆号，并检查电杆、拉线基础及本体结构（电杆裂纹、拉线松弛等）。

（4）登杆作业前，必须对登高工器具及安全用具进行冲击试验，主要包括登高板、脚扣等。

（5）使用登高板登杆过程中，绳钩保持向上，绳子围绕牢固，受力时平衡无滑杆，禁止跳跃登杆；使用脚扣时，脚扣围杆紧密，不相互磕碰、交叉，受力时平衡无滑杆，手扶电杆并扶持围杆绳逐步登杆。

（6）杆塔上工作的作业人员必须正确使用安全带、保险绳保护。在杆塔上作业时，安全带应系在牢固的构件上，高空作业工作中不得失去安全保护，安全带禁止低挂高用。

（7）为防止高空坠落物体打击，进入工作现场必须佩戴安全帽，禁止将工具、材料放置在横担或其他构件上，严禁在作业点正下方逗留。

（8）杆上作业时，上下传递工器具、材料等必须使用传递绳或工具包传递，严禁抛掷；传递工器具及材料时绳索应绑扎牢固，以防脱落。

（9）规范使用工器具，禁止使用扳手敲打构件，禁止嘴含螺帽、工具、材料等。

（10）传递工器具、材料时，要防止撞击电杆。

（11）杆上作业人员站位要合理，手扳葫芦、滑车挂点要合理。

（12）更换耐张绝缘子时要求使用防止导线掉落地面的后备保护措施。

（13）高空作业时不得失去监护，监护人要及时制止作业人员违章行为。

（14）作业完成后，应检查杆上是否有遗留物，离开工作场所前，应将场地清理干净。

二、绝缘子及横担更换工作流程

（一）绝缘子更换工作流程

1. 针式绝缘子更换工作流程

（1）作业人员登杆站好位置并系好安全带后，拆除针式绝缘子上固定导线的绑线、铝包带，将导线移至横担上并固定。

（2）松开针式绝缘子的固定螺栓，如螺栓锈蚀严重，可先喷上松动剂，稍等片刻再松螺栓。

（3）拆除旧绝缘子，用传递绳传至地面。

（4）将新绝缘子通过传递绳传递至杆上，并安装牢固；安装针式绝缘子时，应垫弹簧垫圈。

（5）固定导线：将导线固定部位缠上铝包带，再将导线移到绝缘子上用绑线固定；针式绝缘子的绑扎，直线杆采用顶槽绑扎法，直线转角杆采用边槽绑扎法，绑扎在线路外角侧的边槽上。

2. 耐张绝缘子更换工作流程

（1）作业人员登杆站好位置并系好安全带后，安装好滑轮和传递绳，并将紧线器传递至杆上，紧线器尾线固定在横担上，在耐张线夹前 0.3～0.5m 处固定好卡线器。

（2）用紧线器收紧导线，使绝缘子不受力。

（3）用传递绳系好后，取出绝缘子，传递至地面。

（4）将新绝缘子用传递绳系好后传递至杆上，并安装牢固。

（5）绝缘子安装完毕后，慢慢松开紧线器，恢复至原来的位置。

（6）安装完毕后，金具连接无卡涩，绝缘子弹簧销由上而下穿。

（7）取下紧线器、卡线器并通过传递绳传送至地面。

（二）单横担更换工作流程

（1）作业人员登杆站好位置并系好安全带，采取导线防坠落保护措施后，拆除两边相导线并固定。

（2）在电杆端部安装好滑轮和传递绳，用传递绳系好需要拆除横担后，拆除横担螺栓并将横担传送至地面。

（3）将新横担传递至安装位置，并安装牢固。

三、质量和工艺要求

（一）绝缘子更换质量和工艺要求

（1）绝缘子瓷釉表面光滑，无裂纹、缺釉、破损等缺陷。

（2）绝缘子安装前需进行绝缘测试，针式绝缘子不低于 300MΩ，悬式绝缘子不低于500MΩ。

（3）绝缘子安装前应清除表面污垢，安装牢固可靠，无松动。

（4）悬式绝缘子上的弹簧销一律由上往下穿，螺栓穿向正确，安装后防止积水。

（5）开口销应开口 30°～60°，开口销不应有折断、裂痕等，不得用其他材料代替。

（6）针式绝缘子绑扎时缠绕的铝包带露出绑扎端 30mm，缠绕紧密，固定导线的绑线缠绕牢固无缝隙。

（7）针式绝缘子固定牢靠，并加有弹簧垫圈。

（二）横担更换质量和工艺要求

（1）导线选择≥120mm^2 以上时必须安装双横担，线路直线横担安装时，横担应装于受电侧，分支杆、90°转角杆及终端杆应装于拉线侧。

（2）横担安装应平正，安装距离符合设计要求，横担端部水平偏差不应大于 20mm。

（3）螺栓的穿入方向：立体结构：水平方向者由内向外；垂直方向者由下向上。平面结构：顺线路方向者，双面构件由内向外，单面构件由送点侧向受电侧；横线路方向者，两侧由内向外，中间由左向右（面向受电侧）；垂直方向者，由下而上。

（4）杆塔部件组装有困难时应查明原因，严禁强行组装。个别螺孔需要扩孔时，应采用冷扩，扩孔部分不应超过原孔径 3mm。

（5）螺杆应与构件面垂直，螺头平面与构件间不应有空隙；螺栓紧好后，螺杆丝扣露出的长度：单螺母不应小于 2 个螺距，双螺母可平扣；必须加垫圈者，每端垫圈不应超过 2 个。

四、危险点分析及预控措施

登杆、绝缘子及横担更换危险点分析及预控措施见表 3-3-1。

表 3-3-1　　登杆、绝缘子及横担危险点分析及预控措施

序号	危险点	预控措施
1	误登杆塔触电	作业人员在登杆塔前应核对线路名称及杆号；应与邻近或保留带电部分保持安全距离
2	倒杆、断杆	登杆塔前要对杆塔进行检查，内容包括杆塔是否有裂纹，杆塔埋设深度是否达到要求，杆塔及拉线基础是否受损等
3	高空坠落	杆塔上工作的作业人员必须正确使用安全带、保险绳保护。在杆塔上作业时，安全带应系在牢固的构件上，高空作业工作中不得失去安全保护
4	高空坠落 物体打击	杆上作业时，上下传递工器具、材料等必须使用传递绳或工具包，严禁抛掷。传递工器具、材料时应绑扎牢固；进入工作现场必须佩戴安全帽，禁止将工具、材料放置在横担或其他构件上，严禁在作业点正下方逗留

五、绝缘子及横担组装图（见图 3-3-1～图 3-3-4）

图 3-3-1　悬式绝缘子安装图

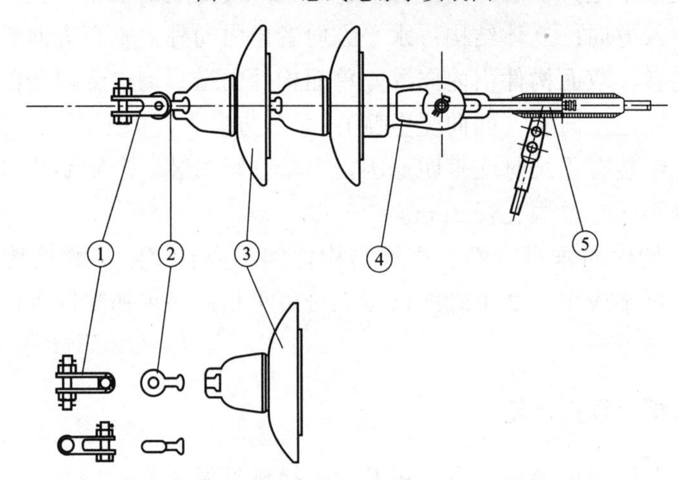

图 3-3-2　耐张绝缘子串组装图（液压型）

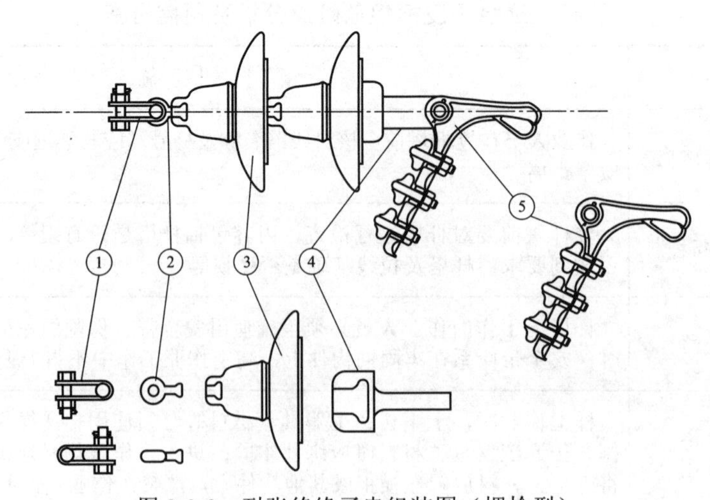

图 3-3-3　耐张绝缘子串组装图（螺栓型）

图 3-3-4　横担及绝缘子安装图

六、材料及工器具表

更换绝缘子及横担的材料及工器具见表 3-3-2、表 3-3-3。

表 3-3-2　　更换绝缘子材料及工器具表

序号	材料名称	型　　号	单位	数量	备　　注
1	悬式绝缘子	XP-70	片	2	
2	针式绝缘子	P-15T	个	1	
3	M 销		个	2	
4	开口销		个	2	
5	油布		块	1	
6	防坠器	8～10m	副	1	培训要求使用
7	传递绳	ϕ14mm×22m	条	1	
8	紧线器		把	2	
9	卡线器		个	2	
10	钢丝绳套		条	2	
11	滑轮	0.5t	个	1	带吊绳
12	安全围栏		副	1	
13	安全带	全身式	副	1	
14	登高板/脚扣		副	1	

续表

序号	材料名称	型　　号	单位	数量	备　　注
15	安全帽		顶	2	蓝色
16	工具包		个	1	含活动扳手 250、取销钳、钢丝钳
17	手套	帆布	双	2	

表 3-3-3　　更换横担材料及工器具表

序号	材料名称	型　　号	单位	数量	备　　注
1	横担	∠63×6×1800	副	1	按设定尺寸
2	油布		块	1	
3	防坠器	8～10m	副	1	培训要求使用
4	传递绳	ϕ14mm×22m	条	1	
5	滑轮	0.5t	个	1	
6	钢丝绳套/软绳套		条	1	
7	橡胶锤		把	1	
8	安全围栏		副	1	
9	安全帽		顶	2	蓝色
10	导线保护绳		条	1	
11	手套	帆布	双	2	
12	工具包		个	1	含活动扳手 250、钢卷尺
13	安全带	全身式	副	1	
14	登高板/脚扣		副	1	

第四单元　拉线制作及安装

教学目的：

通过培训掌握拉线制作工艺及安装方法。

教学重点：

拉线长度的计算；拉线制作的危险点分析及预控措施；拉线制作的方法；拉线制作的质量与工艺要求。

教学难点：

拉线长度的计算；拉线制作与安装。

教学内容：

一、拉线

为了防止架空线路杆塔倾覆、杆塔承受过大的弯矩和横担扭歪等，需要在杆塔或横担等部位装设拉线。

拉线的作用是使拉线产生的力矩平衡杆塔承受的不平衡力矩，增加杆塔的稳定性。

凡承受固定性不平衡荷载比较显著的电杆，如终端杆、角度杆、跨越杆等均应装设拉线。为了避免线路受强大风力荷载的破坏，或在土质松软的地区为了增加电杆的稳定性，也应装设拉线。

（一）拉线的种类

架空配电线路中，根据拉线的用途和作用的不同，一般分为以下几类。

1. 普通拉线

用在终端杆、转角杆、分支杆等处，主要用来平衡拉力。如图 3-4-1 所示，一般和电杆成 45°角，如果受地形限制时，不应小于 30°，不应大于 60°。

2. 人字拉线

人字拉线如图 3-4-2 所示，其由两根普通拉线构成，装在线路垂直方向电杆的两侧。人字拉线用于直线杆防风时，垂直于线路方向；用于耐张杆时顺线路方向。

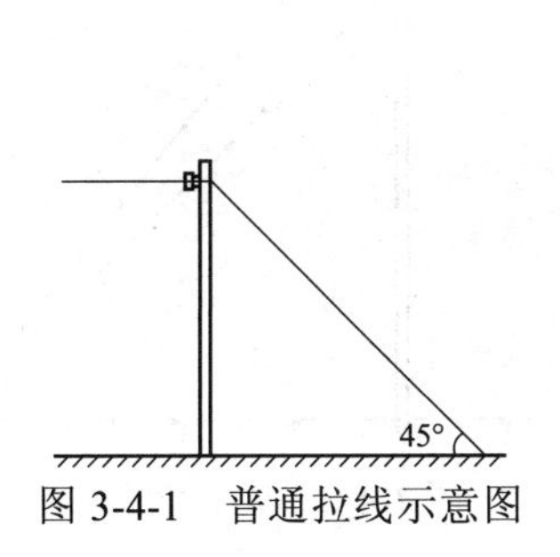

图 3-4-1　普通拉线示意图

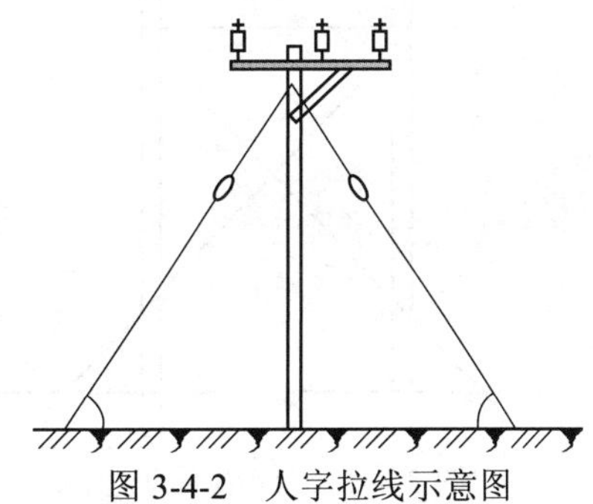

图 3-4-2　人字拉线示意图

3. 水平拉线

水平拉线又称高桩拉线，在不能直接做普通拉线的地方，如跨越道路等地方，可作水平拉线。

如图 3-4-3 所示，在道路的另一侧或不妨碍人行道旁立一根拉线桩，拉线桩的倾斜角为 10°～20°，在桩上做一条拉线埋入地下，拉线在电杆和拉线桩中间跨越道路等处，保证了一定的高度（一般不低于 6m），不会妨碍车辆的通行。

4. 弓形拉线

弓形拉线又称自身拉线，因地形或周围环境的限制不能安装普通拉线时，一般可安装弓形拉线，如图 3-4-4 所示。

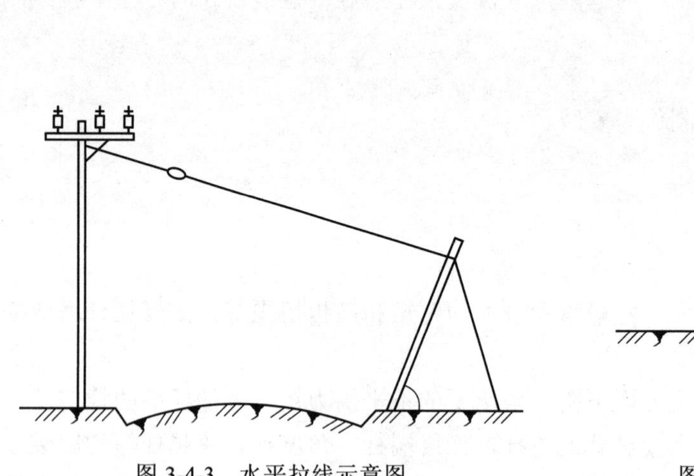

图 3-4-3　水平拉线示意图

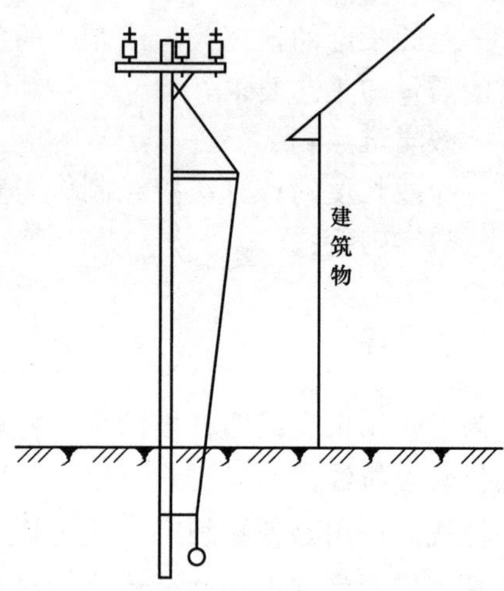

图 3-4-4　弓形拉线示意图

5. 十字拉线

十字拉线又称 X 拉线，如图 3-4-5 所示，一般在耐张杆处装设，为了加强耐张杆的稳定性，安装顺线路人字形拉线和横线路人字形拉线，总称十字形拉线。

6. V 形拉线

如图 3-4-6 所示，V 形拉线主要应用在电杆较高、多层横担的电杆，V 形拉线不仅可以防止电杆倾覆，而且可防止电杆承受过大的弯矩，装设时可以在不平衡作用力合成点上下两处安装 V 形拉线。

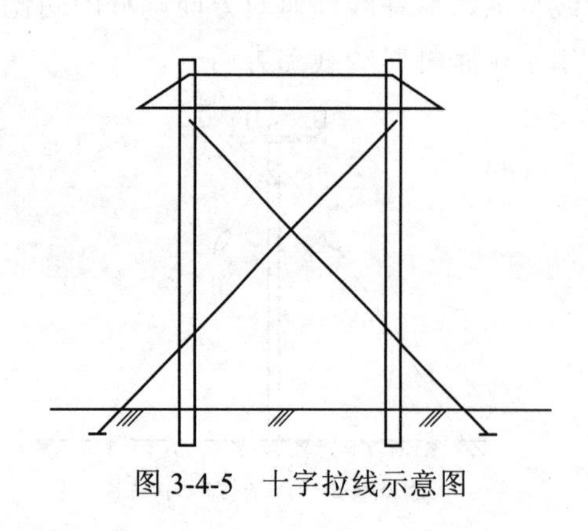

图 3-4-5　十字拉线示意图

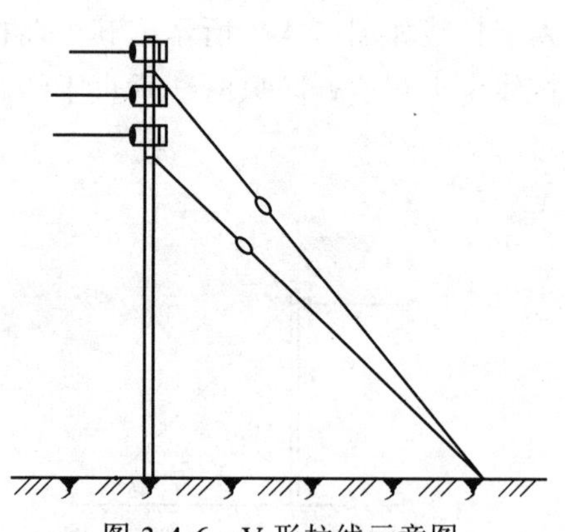

图 3-4-6　V 形拉线示意图

（二）拉线的结构

拉线结构图如图 3-4-7 所示，分为上把、中把、下把。

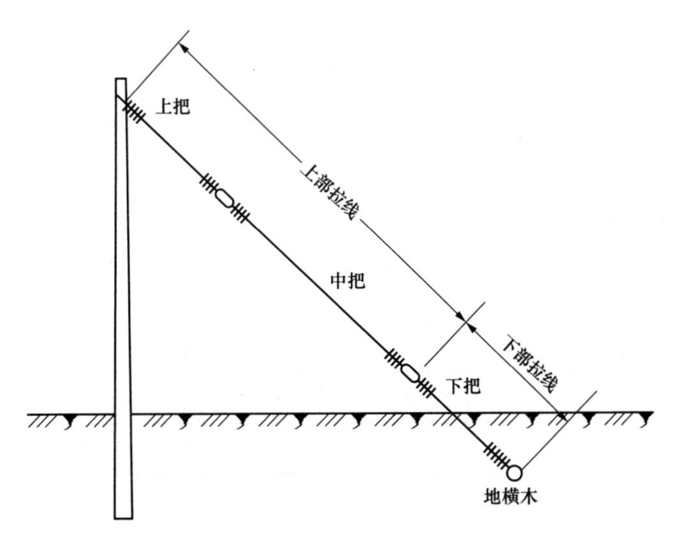

图 3-4-7　拉线结构示意图

二、拉线的制作

（一）材料

拉线制作（以 GJ-50 为例）所需材料的名称、型号、数量如表 3-4-1 所示。

表 3-4-1　　拉线制作所需材料

名　　称	型　　号	单位	数量
铁丝	10 号	m	4
铁丝	20 号	m	1
楔型线夹	NX-2	套	1
UT 线夹	NUT-2	套	1
钢绞线	GJ-50	m	根据杆高具体计算
扁铁抱箍	ϕ210mm	套	1
平行挂板	P-7	个	1

（二）工器具

拉线制作所需工器具的名称、型号、数量如表 3-4-2 所示。

表 3-4-2　　拉线制作所需工器具

名　　称	型　　号	单位	数量
钢丝钳	8 寸	把	1

续表

名　　称	型　　号	单位	数量
活动扳手	12 寸	把	2
记号笔		支	1
钢卷尺	2m	把	1
皮尺	30m	把	1
橡胶锤		把	1
断线钳		把	1
紧线器		个	1
钢卡线器	适用于 GJ-50	把	1
钢丝绳套		个	1
传递绳	ϕ14mm×12m	条	1
工具包		只	1
钢丝绳	ϕ12mm×25m	条	1
登杆工具		套	1
安全带		套	1
钢线卡子	JK-2	只	3

（三）拉线长度的计算

拉线如图 3-4-8 所示，一电杆高为 H，拉线抱箍距离杆顶为 h_1，拉线棒与电杆的水平距离为 A，则拉线长 L 为

$$L=\sqrt{h_2^2+A^2}=\sqrt{(H-h_1)^2+A^2}$$

式中　L——电杆拉线的长度，m；

A——地锚与电杆水平距离，m；

H——电杆距地面的高度，m；

h_2——电杆拉线抱箍距地面垂直高度，m；

h_1——电杆拉线抱箍距杆顶的距离，m。

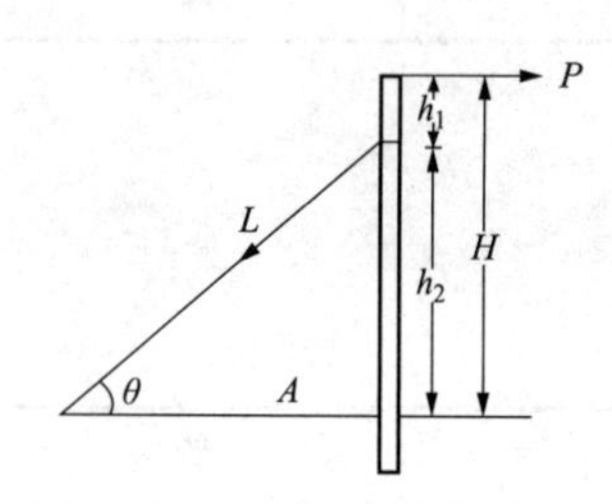

图 3-4-8　拉线计算示意图

（四）拉线上把（楔型线夹）及下把（UT 线夹）的制作流程

1. 穿线

将钢绞线穿入楔型线夹。

2. 弯曲钢绞线

左脚踩住主线，右手拉住尾线线头，在尾线线头规定尺寸处进行弯曲，将线尾和主线弯成张开的开口销模样。

3. 穿线

将尾线穿入线夹凸肚侧。

4. 组装线夹

将楔型线夹楔子（舌板）、钢绞线组装起来，并拉紧。

5. 锤击楔型线夹

用橡胶锤敲击楔型线夹，使得钢绞线与楔子紧紧插入楔型线夹，应牢固，无缝隙，弯曲处无松股现象。

注：不得使用活动扳手、铁锤等敲击钢绞线及线夹。

6. 绑扎拉线

一手握钢丝钳，另一手握紧钢绞线，麻箍第一道打到主线上。

（五）拉线的安装流程

1. 登杆

检查杆根、拉线牢固可靠，检查登杆工器具及安全用具等合格，工作负责人许可后开始作业，并在指定位置站好位、系好安全带和缓冲防坠绳，绑好传递滑车和传递绳。

2. 安装临时拉线

在更换拉线前，先按要求安装好临时拉线。

3. 拆除旧拉线

4. 安装拉线

（1）悬挂新拉线。

（2）制作并安装下把。

（3）拉线调整，要求松紧适度。

三、拉线的质量与工艺要求

（一）一般要求

（1）拉线抱箍应使用专用拉线抱箍，不得用其他抱箍替代，拉线与电杆的夹角一般为45°，不小于30°。受地形限制使用特殊拉线。

（2）拉线棒的直径不应小于16mm，采用热镀锌处理。腐蚀地区拉线棒直径应适当加大。

（3）当一基电杆上装设多条拉线时，拉线不应有过松、过紧、受力不均匀等现象。

（4）配变台架拉线应装设拉线绝缘子；穿过带电体时应加装拉线绝缘子。应保证在拉线绝缘子以下断线时，绝缘子距离地面不应小于2.5m。拉线绝缘子型号的选择应满足设计要求。

（5）拉线组件及其附件均应热镀锌，拉线宜采用镀锌钢绞线，截面不应小于50mm^2。

（6）终端杆的拉线及耐张杆承力拉线应与线路方向对准，防风拉线应与线路方向垂直。

（7）跨越道路的水平拉线，对路边缘的垂直距离，不应小于 6m。拉线柱的倾斜角宜采用10°～20°，受地形和周围自然环境的限制，不能安装普通拉线且受力较小时，可安装弓型拉线。

（8）在车辆和行人容易发生碰撞的电杆拉线上，宜加装防撞警示标识。

（二）工艺要求

（1）拉线坑应有滑坡（马道），马道应与拉线角度保持一致。拉盘与拉盘 U 型环连接使用双螺母。

（2）回填土应有防沉土台。

（3）采用 UT 型线夹及楔型线夹固定的拉线安装时：

1）线夹舌板与拉线接触应紧密，受力后无滑动现象，线夹凸肚应在线尾侧、方向朝下，安装时不应损伤线股。

2）拉线弯曲部分不应松脱，线夹外露处的尾线长度一般为 300～500mm；

3）UT 型线夹的螺杆应露扣，并应有不小于 1/2 螺杆丝扣长度可供调紧。调整后，UT 型线夹的双螺母应并紧，采用防盗措施；

4）GJ-50 拉线用 10 号镀锌铁丝绑扎，GJ-70 及以上用 8 号镀锌铁丝绑扎，并做防腐处理；

5）麻箍绑扎长度为 40～50mm，麻箍应紧密，绑扎完毕后麻箍距离端头 40～50mm。

四、危险点分析及预控措施

拉线制作危险点分析及预控措施如表 3-4-3 所示。

表 3-4-3　　拉线制作危险点分析及预控措施

序号	危险点	预 控 措 施
1	钢绞线划伤皮肤	戴手套、着工作服
2	钢绞线戳伤眼睛	护目镜
3	钢绞线反弹伤害	弯曲钢绞线时紧抓钢绞线
4	橡胶锤砸伤	使用橡胶锤不能戴手套
5	高空坠落	（1）必须使用全身式双保护安全带； （2）全程不得失去安全带保护； （3）上杆前必须对登杆工具及安全带做冲击试验； （4）登杆工具必须有检验合格标志； （5）安全带必须拴在牢固构件上
6	高空坠物	（1）作业点设置围栏； （2）不戴安全帽禁止进入围栏； （3）作业点正下方禁止站人

第五单元　导线的钳压压接

教学目的：

通过教学，使学员掌握导线压接的质量要求和工艺要求，掌握导线钳压的压接的操作方法，通过训练，能按照质量和工艺熟练进行压接。

教学重点：

钳压的工艺要求；钳压的质量要求；熟练进行压接。

教学难点：

熟练进行压接、操作步骤。

教学内容：

一、导线压接步骤与压接要求

（1）选择压模和钳压接续管。

（2）检查钳压接续管是否完整，并在活动部分涂润滑油，然后安装压模。

（3）将导线用钢锯锯齐。

（4）清洗导线和钳压接续管内壁，除污垢及氧化物。首先用汽油将导线和钳压接续管的接触面清洗干净，导线的清洗长度应为连接部分的1.25倍；在导线表面和钳压接续管的内壁涂一层凡士林油，再用钢丝刷刷净，除净氧化物，擦刷后应保留表面的油。

（5）将两根导线分别从钳压接续管的两端插入，露头不小于20mm，然后将其端部用绑线扎紧，安装垫片。

（6）将钳压接续管放入压钳的压模中，并使两侧导线平直，按图所示压接。钢线和铝线从一端开始压接，依次向另一端交错压接。

二、质量要求和工艺要求

（1）钳压接续管型号与导线的规格应配套。

（2）压口数及压后尺寸应符合表3-5-1的规定。

表3-5-1　　**钳压压口数及压后尺寸**

导线型号		压口数	压后尺寸 D（mm）	钳压部位尺寸（mm）		
				a_1	a_2	a_3
铝绞线	LJ-16	6	10.5	28	20	34
	LJ-25	6	12.5	32	20	36
	LJ-35	6	14.0	36	25	43

续表

导线型号		压口数	压后尺寸 D（mm）	钳压部位尺寸（mm）		
				a_1	a_2	a_3
铝绞线	LJ-50	8	16.5	40	25	45
	LJ-70	8	19.5	44	28	50
	LJ-95	10	23.0	48	32	56
	LJ-120	10	26.0	52	33	59
	LJ-150	10	30.0	56	34	62
	LJ-185	10	33.5	60	35	65
钢芯铝绞线	LGJ-16/3	12	12.5	28	14	28
	LGJ-25/4	14	14.5	32	15	31
	LGJ-35/6	14	17.5	34	42.5	93.5
	LGJ-50/8	16	20.5	38	48.5	105.5
	LGJ-70/10	16	25.0	46	54.5	123.5
	LGJ-95/20	20	29.0	54	61.5	142.5
	LGJ-120/20	24	33.0	62	67.5	160.5
	LGJ-150/20	24	36.0	64	70	166
	LGJ-185/25	26	39.0	66	74.5	173.5
	LGJ-240/30	2×14	43.0	62	68.5	161.5

（3）压口位置、操作顺序应按下图进行，严禁跳压。

（4）钳压后导线端头露出长度，不应小于 20mm，导线端头绑线应保留。

（5）压接后的接续管弯曲度不应大于管长的 2%，有明显弯曲时应校直。

（6）压接后或校直后的接续管不应有裂纹。

（7）压接后接续管两端附近的导线不应有灯笼、抽筋等现象。

（8）压接后接续管两端出口处、合缝处及外露部分，应涂刷电力复合脂。

（9）压后尺寸的允许误差，铝绞线钳接管为±1.0mm；钢芯铝绞线钳接管为±0.5mm。

（10）操作时注意用内卡尺检查钢模间距应比规定压接深度略小 0.5～1.0mm，若过小超过，要用调整螺旋调整到规定要求。

（11）压接后接续管两端出口处、和缝处及外露部分，应涂刷电力复合脂。

三、危险点分析及预控措施

导线钳压压接危险点分析及预控措施见表 3-5-2。

表 3-5-2　　导线钳压压接危险点分析及预控措施

序号	危　险　点	预　控　措　施
1	断线时导线钳伤人	断线时手与断线钳保持足够的安全距离，导线断线时注意导线挂伤人员
2	压接钳伤人	压接时手不能再钳口的下方

四、压接示意图（见图 3-5-1）

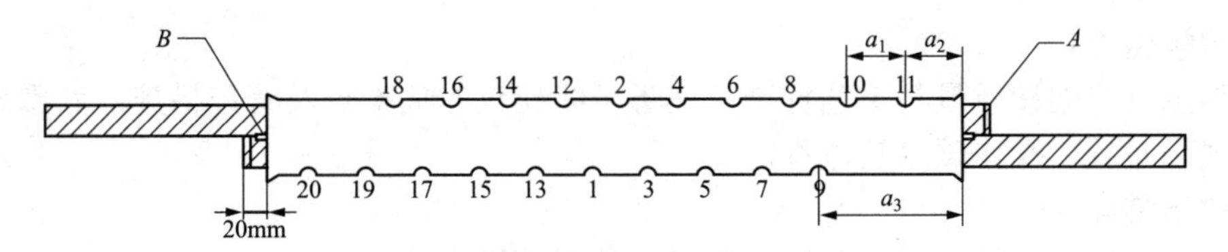

图 3-5-1　LGJ-95 以下钢芯铝绞线压接示意图
A—绑线；B—垫片；1，2，3…20—操作顺序

五、材料及工器具表（见表 3-5-3）

表 3-5-3　　材 料 及 工 器 具 表

材　料　名　称	型　　号	单　　位	数　　量	备　　注
钢芯铝绞线	LGJ-50/8	m	20	
钳压接续管	JT-50/8	根	5	
钢丝刷	小号	把	4	
钳压钳	普通	台	1	
铁丝	18 号	m	5	
导电膏	小瓶	合	1	
游标卡尺	0.02mm	把	4	
橡皮锤	中号	把	1	
汽油	92 号	L	2	
断线钳	J13	把	1	
砂纸	0 号	0 号	2	
钢丝钳		把	2	
油布	$2m^2$	块	2	
白布		m	2	
护目镜		副	10	

第六单元　导线更换及架设

教学目的：

通过教学，使学员掌握 10kV 及以下架空配电线路导线更换及架设的作业方法及工艺、质量要求。

教学重点：

熟悉导线架设质量与工艺标准；熟悉导线架设的危险点及管控措施；熟悉导线架设的现场布置、操作顺序及流程。

教学难点：

施工方法、现场布置、工器具选择与使用、操作技能。

教学内容：

一、质量要求和工艺要求

（一）原材料及器材检验

（1）架空电力线路工程所使用的原材料、器材，具有下列情况之一者，应重作检验：

1）超过规定保管期限者。

2）因保管、运输不良等原因而有变质损坏可能者。

3）对原试验结果有怀疑或试样代表性不够者。

（2）架空电力线路使用的线材，架设前应进行外观检查，且应符合下列规定：

1）不应有松股、交叉、折叠、断裂及破损等缺陷。

2）不应有严重腐蚀现象。

3）钢绞线、镀锌铁线表面镀锌层应良好，无锈蚀。

4）绝缘线表面应平整、光滑、色泽均匀，绝缘层厚度应符合规定。绝缘线的绝缘层应挤包紧密，且易剥离，绝缘线端部应有密封措施。有印刷清晰的生产产家名称、规格型号、电压等级及长度标识。

（3）由黑色金属制造的附件和紧固件，应采用热浸镀锌制品。金属附件及螺栓表面不应有裂纹、砂眼、锌皮剥落及锈蚀等现象。金属附件表面光洁，无裂纹、毛刺、飞边、砂眼、气泡等缺陷。

（4）绝缘子瓷釉表面光滑，无裂纹、缺釉、破损等缺陷。

（二）横担安装

（1）线路单横担的安装，直线杆应装于受电侧；分支杆、90°转角杆（上、下）及终端杆应装于拉线侧。

（2）导线选择≥120mm^2 以上时必须安装双横担。

（3）横担安装需选用相匹配的螺栓紧固，并加装方垫片。使用U型抱箍安装横担时，抱箍受力侧应紧贴杆体并与横担保持水平。

（4）杆塔部件组装有困难时应查明原因，严禁强行组装。个别螺孔需扩孔时应采用冷扩，扩孔部分不应超过原孔径3mm。

（5）横担安装应平正，安装偏差应符合下列规定：

1）横担端部上下歪斜不应大于20mm。

2）横担端部左右扭斜不应大于20mm。

3）双杆的横担，横担与电杆连接处的高差不应大于连接距离的0.5%；左右扭斜不应大于横担总长度的1%。

（6）瓷横担绝缘子安装应符合下列规定：

1）当直立安装时，顶端顺线路歪斜不应大于10mm。

2）当水平安装时，顶端宜向上翘起5°～15°，顶端顺线路歪斜不应大于20mm。

3）当安装于转角杆时，顶端竖直安装的瓷横担支架应安装在转角的内角侧（瓷横担应装在支架的外角侧）。

4）全瓷式瓷横担绝缘子的固定处应加橡胶垫及铁方垫片固定。

（7）导线为水平排列时，上层横担距杆顶距离不宜小于200mm，端部水平偏差不应大于20mm。

（8）螺杆与螺母的配合应良好。

（9）以螺栓连接的构件应符合下列规定：

1）螺杆应与构件面垂直，螺头平面与构件间不应有间隙。

2）螺栓紧好后，螺杆丝扣露出的长度，单螺母不应少于两个螺距，双螺母可与螺母相平。

3）当必须加垫圈时，每端垫圈不应超过2个。

（10）螺栓的穿入方向应符合下列规定：

1）对立体结构：水平方向由内向外；垂直方向由下向上。

2）对平面结构：顺线路方向，双面构件由内向外，单面构件由送电侧穿入或按统一方向；横线路方向，两侧由内向外，中间由左向右（面向受电侧）或按统一方向；垂直方向，由下向上。

（11）10kV线路铁附件都采用标准设计，非标件需提供加工图生产，供货周期较长。

1）铁横担规格：∠63×6及以上，长度1600mm、1800mm、2100mm三种普通规格。

2）瓷横担支座规格：∠63×6×700、∠63×6×1200、∠75×8×700、∠75×8×1200；

3）五眼板规格：−8×80×500；

4）斜撑规格：∠50×5×500、∠50×5×600、∠50×5×700、∠50×5×800、∠50×5×1000、∠50×5×1660、∠50×5×1730、∠63×6×800、∠63×6×1300、∠63×6×1700。

5）断联角铁规格：∠63×6×540

6）U型抱箍，选用M16螺栓系列：UB1～UB7共7个系列，内直径分别为：160mm、180mm、200mm、220mm、250mm、270mm、290mm，配置按从杆顶开始每往下增加1m，混凝土杆直径增加13.3mm来计算。

7）扁铁抱箍，选用M16螺栓系列：B1～B9共9个系列，内直径分别为：150mm、170mm、190mm、210mm、230mm、250mm、280mm、300mm、320mm，配置同上。

8）双头螺栓，一般采用M16×250、M16×300、M16×350，螺纹长度80mm，双帽单垫配置。螺栓选用按受力构件切割面不得剪切螺纹的要求选用。

（12）10kV横担的规格选用应根据线间距离及线路档距确定。无设计说明时按导线呈正三角形排列选用安装。

（三）绝缘子及金具安装

（1）绝缘子安装应符合下列规定：

1）安装应牢固，连接可靠，防止积水。

2）安装时应清除表面灰垢、附着物及不应有的涂料。

（2）悬式绝缘子安装，应符合下列规定：

1）与电杆、导线金具连接处，无卡涩现象。

2）耐张串上的弹簧销、螺栓及穿钉应由上向下穿。当有特殊困难时可由内向外或由左向右穿入。

3）悬垂串上的弹簧销、螺栓及穿钉应向受电侧穿入。两边线应由内向外，中线应由左向右穿入。

（3）绝缘子裙边与带电部位、接地体的间隙不应小于50mm。

（4）采用的闭口销或开口销不应有折断、裂纹等现象。当采用开口销时应对称开口，开口角度应为30°～60°。闭口销的直径必须与孔径配合，且弹力适度。严禁用线材或其他材料代替闭口销、开口销。

（5）绝缘子装前应采用不低于2500V的绝缘电阻表逐个进行绝缘电阻检测。在干燥情况下，悬式绝缘子绝缘电阻值不得小于500MΩ，针式绝缘子绝缘电阻值不得小于300MΩ。

（6）绝缘子的选择性应与杆型、导线规格相匹配，直线杆一般选用针式绝缘子或瓷横担，耐张杆选用悬式绝缘子。在引流线向下须固定时采用瓷横担固定。

（7）金具组装配合应良好，安装前应进行外观检查，应符合下列规定：

1）表面光洁，无裂纹、毛刺、飞边、砂眼、气泡等缺陷。

2）线夹转动灵活，与导线接触面符合要求。

3）金属部件无磨损、裂纹、锈蚀开焊、镀锌良好，无锌皮剥落现象。

4）金具闭口销齐全，直径与孔径相配合，且弹力适度。开口销应开口，开口销及弹簧销无缺少、代用或脱出情况。

5）线夹不应发生松脱损坏，连接螺栓不应发生松动，外观鼓包、裂纹、烧伤、滑移或出口处断股。

6）压接管、补修管不应发生弯曲严重、开裂情况。

7）防振锤不应发生位移、重锤脱落情况。

8）采用绝缘导线时应使用绝缘楔型耐张线夹，型号应与导线截面相匹配。

9）引流线连接应使用并沟线夹，绝缘线应有绝缘护罩，金具规格与导线截面相匹配。

（8）验电接地环：

1）绝缘线路须安装验电接地环，安装在距耐张线夹 200mm 处；

2）配变台架验电接地环须安装在进线侧；

3）10kV 绝缘线路在主干线、次干线、分支线的首端、末端处装设验电接地环；

4）线路长度每超过 500m 时，须在适当位置（耐张杆）增设验电接地环。

（9）绝缘子及瓷横担绝缘子安装前应进行外观检查，且应符合下列规定：

1）瓷件与铁件组合无歪斜现象，且结合紧密，铁件镀锌良好。

2）瓷釉光滑，无裂纹、缺釉、斑点、烧痕、气泡或瓷釉烧坏等缺陷。

3）弹簧销、弹簧垫的弹力适宜。

（10）各种连接螺栓宜有防松装置。防松装置弹力应适宜，厚度应符合规定。

（四）裸导线架设

1. 导线展放

导线在展放过程中，对已展放的导线应进行外观检查，不应发生磨伤、断股、扭曲、金钩、断头等现象。

2. 裸导线损伤的处理

（1）导线在同一处损伤，同时符合下列情况时，应将损伤处棱角与毛刺用 0 号砂纸磨光，可不作补修：

1）单股损伤深度小于直径的 1/2。

2）钢芯铝绞线、钢芯铝合金绞线损伤截面积小于导电部分截面积的 5%，且强度损失小于 4%。

3）单金属绞线损伤截面积小于 4%。

（2）当导线在同一处损伤需进行修补时，应符合下列规定：

1）损伤补修处理标准应符合表 3-6-1 的规定。

表 3-6-1　　导线损伤补修处理标准

导线类别	损　伤　情　况	处理方法
铝绞线	导线在同一处损伤程度已经超过“2. 裸导线损伤的处理”中第（1）款的规定，但因损伤导致强度损失不超过总拉断力的 5%时	以缠绕或修补预绞丝修理
铝合金绞线	导线在同一处损伤程度损失超过总拉断力的 5%，但不超过 17%时	以补修管补修
钢芯铝绞线	导线在同一处损伤程度已经超过上述“2. 裸导线损伤的处理”中第（1）款的规定，但因损伤导致强度损失不超过总拉断力的 5%，且截面积损伤又不超过导电部分总截面积的 7%时	以缠绕或修补预绞丝修理
钢芯铝合金绞线	导线在同一处损伤的强度损失已超过总拉断力的 5%但不足 17%，且截面积损伤也不超过导电部分总截面积的 25%时	以补修管补修

2）当采用缠绕处理时，应符合下列规定：

a．受损伤处的线股应处理平整；

b．应选与导线同金属的单股线为缠绕材料，其直径不应小于 2mm；

c．缠绕中心应位于损伤最严重处，缠绕应紧密，受损伤部分应全部覆盖，其长度不应小于 100mm。

3）当采用补修预绞丝补修时，应符合下列规定：

a．受损伤处的线股应处理平整；

b．补修预绞丝长度不应小于 3 个节距；

c．补修预绞丝的中心应位于损伤最严重处，且与导线接触紧密，损伤处应全部覆盖。

4）当采用补修管补修时，应符合下列规定：

a．损伤处的铝（铝合金）股线应先恢复其原绞制状态；

b．补修管的中心应位于损伤最严重处，需补修导线的范围应于管内各 20mm 处；

c．当采用液压施工时应符合 DL/T 5285—2013《输变电工程架空导线及地线液压压接工艺规程》的规定。

（3）导线在同一处损伤有下列情况之一者，应将损伤部分全部割去，重新以直线接续管连接：

1）损失强度或损伤截面积超过以补修管补修的规定。

2）连续损伤其强度、截面积虽未超过“2．裸导线损伤的处理”第（2）款中第 3）条以补修管补修的规定，但损伤长度已超过补修管能补修的范围。

3）钢芯铝绞线的钢芯断一股。

4）导线出现灯笼的直径超过导线直径的 1.5 倍而又无法修复。

5）金钩、破股已形成无法修复的永久变形。

（4）不同金属、不同规格、不同绞制方向的导线严禁在档距内连接。

（5）采用接续管连接的导线，接后的握着力与原导线或避雷线的保证计算拉断力比，应符合下列规定：

1）接续管不小于 95%。

2）螺栓式耐张线夹不小于 90%。

（6）10kV 及以下架空电力线路的导线，当采用缠绕方法连接时，连接部分的线股应缠绕良好，不应有断股、松股等缺陷。

3．导线架设工艺要求

（1）10kV 及以下架空电力线路在同一档距内，同一根导线上的接头，不应超过 1 个。导线接头位置与导线固定处的距离应大于 0.5m，当有防振装置时，应在防振装置以外。

（2）10kV 及以下架空电力线路的导线紧好后，弧垂的误差不应超过设计弧垂的 ±5%。同档内各相导线弧垂宜一致，水平排列的导线弧垂相差不应大于 50mm。

（3）导线的固定应牢固、可靠，且应符合下列规定：

1）直线转角杆：对针式绝缘子，导线应固定在转角外侧的槽内；对瓷横担绝缘子导线应固定在第一裙内。

2）直线跨越杆：导线应双固定，导线本体不应在固定处出现角度。

3）裸铝导线在绝缘子或线夹上固定应缠绕铝包带，缠绕长度应超出接触部分 30mm。铝包带的缠绕方向应与外层线股的绞制方向一致。

4）10kV 架空电力线路当采用并沟线夹连接引流线时，线夹数量不应少于 2 个。连接面应平整、光洁。导线及并沟线夹槽内应清除氧化膜，涂电力复合脂。

（4）绑扎用的绑线，应选用与导线同金属的单股线，其直径不应小于 2.0mm。

（5）10kV 配电线路每相的过引线、引下线与邻相的过引线、引下线或导线之间的净空距离，不应小于 0.3m。10kV 配电线路的导线与拉线、电杆或构架间的净空距离，不应小于 0.2m。

（6）重要交叉跨越如铁路、一级以上公路等，必须使用独立耐张段并严格控制导线不得有中间接头。

（五）绝缘导线架设

1. 绝缘导线放线

架设绝缘线宜在干燥天气进行，气温应符合绝缘线制造厂的规定。

（1）放紧线过程中，应将绝缘线放在塑料滑轮或套有橡胶护套的铝滑轮内。滑轮直径不应小于绝缘线外径的 12 倍，槽深不小于绝缘线外径的 1.25 倍，槽底部半径不小于 0.75 倍绝缘线外径，轮槽槽倾角为 15°。

（2）放线时，绝缘线不得在地面、杆塔、横担、绝缘子或其他物体上拖拉，以防损伤绝缘层。

（3）宜采用网套牵引绝缘线。

2. 绝缘线损伤的处理

（1）线芯损伤的处理。

1）线芯截面损伤不超过导电部分截面的 17%时，可敷线修补，敷线长度应超过损伤部分，每端缠绕长度超过损伤部分不小于 100mm。

2）线芯截面损伤在导电部分截面的 6%以内，损伤深度在单股线直径的 1/3 之内，应用同金属的单股线在损伤部分缠绕，缠绕长度应超出损伤部分两端各 30mm。

3）线芯损伤有以下情况之一时，应锯断重接：在同一截面内，损伤面积超过线芯导电部分截面的 17%；钢芯断一股。

（2）绝缘层的损伤处理。

1）绝缘层损伤深度在绝缘层厚度的 10%及以上时应进行绝缘修补。可用绝缘自粘带缠绕，每圈绝缘粘带间搭压带宽的 1/2，补修后绝缘自粘带的厚度应大于绝缘层损伤深度，且不少于两层。也可用绝缘护罩将绝缘层损伤部位罩好，并将开口部位用绝缘自粘带缠绕封住。

2）一个档距内，单根绝缘线绝缘层的损伤修补不宜超过 3 处。

3. 绝缘线的连接和绝缘处理

（1）绝缘线连接的一般要求。

1）绝缘线的连接不允许缠绕，应采用专用的线夹、接续管连接。

2）不同金属、不同规格、不同绞向的绝缘线，无承力线的集束线严禁在档内做承力连接。

3）在一个档距内，分相架设的绝缘线每根只允许有一个承力接头，接头距导线固定点的距离不应小于500mm，低压集束绝缘线非承力接头应相互错开，各接头端距不小于200mm。

4）铜芯绝缘线与铝芯或铝合金芯绝缘线连接时，应采取铜铝过渡连接。

5）剥离绝缘层、半导体层应使用专用切削工具，不得损伤导线，切口处绝缘层与线芯宜有45°倒角。

6）绝缘线连接后必须进行绝缘处理。绝缘线的全部端头、接头都要进行绝缘护封，不得有导线、接头裸露，防止进水。

7）中压绝缘线接头必须进行屏蔽处理。

（2）绝缘线接头应符合下列规定：

1）线夹、接续管的型号与导线规格相匹配；

2）压缩连接接头的电阻不应大于等长导线的电阻的1.2倍，机械连接接头的电阻不应大于等长导线的电阻的2.5倍，档距内压缩接头的机械强度不应小于导体计算拉断力的90%；

3）导线接头应紧密、牢靠、造型美观，不应有重叠、弯曲、裂纹及凹凸现象。

（3）承力接头的连接和绝缘处理。

1）承力接头的连接采用钳压法、液压法施工，在接头处安装辐射交联热收缩管护套或预扩张冷缩绝缘套管（统称绝缘护套）进行绝缘处理。

2）绝缘护套管径一般应为被处理部位接续管的1.5～2.0倍。中压绝缘线使用内外两层绝缘护套进行绝缘处理，低压绝缘线使用一层绝缘护套进行绝缘处理。

3）有导体屏蔽层的绝缘线的承力接头，应在接续管外面先缠绕一层半导体自粘带和绝缘线的半导体层连接后再进行绝缘处理。每圈半导体自粘带间搭压带宽的1/2。

4）截面为240mm^{2}及以上铝线芯绝缘线承力接头宜采用液压法施工。

（4）非承力接头的连接和绝缘处理。

1）非承力接头包括跳线、T接时的接续线夹（含穿刺型接续线夹）和导线与设备连接的接线端子。

2）接头的裸露部分须进行绝缘处理，安装专用绝缘护罩。

3）绝缘罩不得磨损、划伤，安装位置不得颠倒，有引出线的要一律向下，需紧固的部位应牢固严密，两端口需绑扎的必须用绝缘自粘带绑扎两层以上。

4. 紧线

（1）紧线时，绝缘线不宜过牵引。

（2）紧线时，应使用网套或面接触的卡线器，并在绝缘线上缠绕塑料或橡皮包带，防止卡伤绝缘层。

（3）绝缘线的安装弛度按设计给定值确定，可用弛度板或其他器件进行观测。绝缘线紧好后，同档内各相导线的弛度应力求一致，施工误差不超过±50mm。

（4）绝缘线紧好后，线上不应有任何杂物。

5. 绝缘线的固定

采用绝缘子（常规型）架设方式时，绝缘线的固定应注意：

（1）中压绝缘线直线杆采用针式绝缘子或棒式绝缘子，耐张杆采用两片悬式绝缘子和专用耐张线夹。

（2）针式或棒式绝缘子的绑扎，直线杆采用顶槽绑扎法；直线角度杆采用边槽绑扎法，绑扎在线路外角侧的边槽上。使用直径不小于2.5mm的单股塑料铜线绑扎。

（3）绝缘线与绝缘子接触部分应用绝缘自粘带缠绕，缠绕长度应超出绑扎部位或与绝缘子接触部位两侧各30mm。

（4）没有绝缘衬垫的耐张线夹内的绝缘线宜剥去绝缘层，其长度和线夹等长，误差不大于5mm。将裸露的铝线芯缠绕铝包带，耐张线夹和悬式绝缘子的球头应安装专用绝缘护罩罩好。

（5）中压绝缘线路每相过引线、引下线与邻相的过引线、引下线及低压绝缘线之间的净空距离不应小于200mm；中压绝缘线与拉线、电杆或构架间的净空距离不应小于200mm。

6. 1kV以下电力线路当采用绝缘线架设规定

（1）展放中不应损伤导线的绝缘层和出现扭、弯等现象。

（2）导线固定应牢固可靠，当采用蝶式绝缘子作耐张且用绑扎方式固定时，绑扎长度应符合的规定。

（3）接头应符合有关规定，破口处应进行绝缘处理。

（4）沿墙架设的1kV以下电力线路，当采用绝缘线时，除应满足设计要求外，还应符合下列规定：

1）支持物牢固可靠。

2）接头符合有关规定，破口处缠绕绝缘带。

3）中性线在支架上的位置，设计无要求时，安装在靠墙侧。

（5）导线架设后，导线对地及交叉跨越距离，应符合设计要求。

7. 绝缘导线的分类

（1）绝缘厚度一般分为薄绝缘、普通绝缘两类，薄绝缘厚度为2mm，普通绝缘厚度为3.4mm。

（2）按钢芯配置分为不带钢芯JKLYJ系列，带钢芯JKLGYJ系列。

（3）按钢芯数量配置分为加强型、普通型、轻型三类，分类方法和钢芯铝绞线相同。

8. 10kV架空绝缘线路的安全要求

与普通10kV架空线路的安全要求相同，不得降低架设标准。

二、导线架设步骤与要求

（一）作业准备

（1）线路停电作业前需调查更换导线档内交叉跨越情况，如：电力线、通信光缆、公路、铁路、青苗等。根据工作情况申请作业线路停电时间及跨越线路停电时间。

（2）架空导线更换需视更换耐张段杆塔数的多少配备作业人员，一般耐张杆应配备2名作业人员，直线杆塔每基需配备1名作业人员，线盘处（或放线架）最少配备2～3名作业人员，展放导线人员视耐张段长度情况确定。工作负责人及带领放线的小组负责人应具有检修施工实际经验。

（3）进入作业现场前应平整、清理好堆放线盘的场地。清除放线通道内的障碍物。

（4）作业前工作负责人应将更换段架空导线施工及附件安装图和施工记录等准备齐全，向所有作业人员作技术交底，并清楚交待人员分工及现场安全措施。

（二）地面准备工作

（1）更换架空导线作业前必须将有关材料、工器具搬运至作业现场。

（2）根据更换导线张力情况在更换导线档耐张杆受力侧反方向布置临时拉线，防止耐张杆单面受力造成杆塔损伤。

（3）选择地形平坦、方便运输的耐张杆作为收线杆，另一侧耐张杆作为挂线杆，收线杆一侧根据更换导线张力情况布置绞磨。

（4）换线段内的布线长度，可根据地形，按放线段总长度的 1.03～1.1 倍控制：平地取 1.03、丘陵地取 1.05，山区取 1.10。

（5）线轴架设应牢固可靠，转动灵活，支撑线盘的轴杠应水平，并与牵引方向垂直。线轴出线应对准相应线别的方向，距牵引方向第一基杆塔不应小于导线悬挂点高度的 2.5 倍，线轴架应设置简易制动装置。

（三）落、放导线前准备工作

（1）收线杆、挂线杆作导线临时拉线，临时拉线位置为横担挂点 200mm 范围内。

（2）断开收线杆、挂线杆导线引流线。

（3）若该档内有直线杆，拆除直线杆附件，并安装过线滑车。

（4）若有交叉跨越者，应搭设跨越架并设专人看守。

（5）布置放线挂点、放线滑车于横档顶部，磨绳穿入放线滑车与收线夹相连，收线夹置于导线耐张线夹外 300mm 处，并用棕绳将磨绳绑在耐张绝缘子串上，防止放线时绝缘子脱落。

（四）撤放旧导线

（1）撤放旧导线时，收线杆收紧磨绳，绞磨缓慢牵引，待绝缘子串的连接螺栓与挂线孔松动后，停止牵引并撤出连接螺栓，绞磨缓慢松出。

（2）对于双绝缘子串，使用两只 U 型挂环挂在绝缘子串前端的二联板上，其前端与挂线的总牵引绳相连接。

（3）导线完全松弛后，撤除挂线杆绝缘子及旧导线，并用旋转连接器及网套将新旧导线连接（用直线接续管将新旧导线连接，并用保护钢甲及开口胶管进行保护），同样收线杆也用同样方式撤出绝缘子，然后进行导线牵引，在牵引过程中旧导线如存在直线接续管，要在该管通过的第一基杆塔之前加装保护钢甲及开口胶管。加装数量及杆位视直线接续管数量及位置而定。

（五）机动牵引放新线

（1）机动牵引放线是指用机动绞磨或牵引机作为牵引动力，利用防扭钢丝绳作为牵引绳来牵拉导线，以达到展放导线的目的。

（2）机动牵引放线，宜每次牵一根导线，展放一根完毕后再展放另一根导线。

（3）机动牵引放线前应选择机动绞磨安置场地，尽量布置在线路中心线上，以满足牵

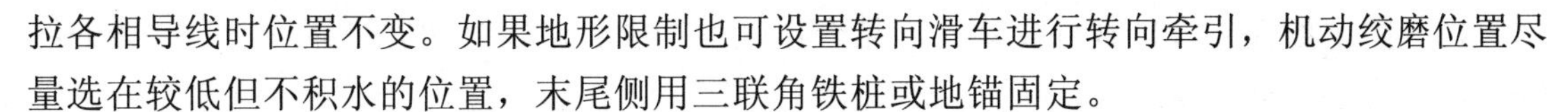

拉各相导线时位置不变。如果地形限制也可设置转向滑车进行转向牵引，机动绞磨位置尽量选在较低但不积水的位置，末尾侧用三联角铁桩或地锚固定。

（4）牵引起始阶段，应慢速牵引，运转正常后可提高牵引速度。当压接管通过放线滑车或跨越架时，应减缓牵引速度，并注意监视。

（5）牵引场应与张力场及各直线杆塔应保证信号畅通，一旦有故障，应立即停止牵引。

（六）紧线操作

（1）更换导线耐张段一端的耐张杆（塔）用来紧线操作，称为收线（塔）；另一端的耐张杆（塔）用来挂线操作，称为挂线杆（塔）。

（2）紧线前必须了解原设计单位对耐张杆塔有无特殊施工要求，并按原设计要求执行。

（3）临时拉线的上端应靠近挂线点且缠绕横担主材后用卸扣拴牢。当为平面或立体桁架横担时，应缠绕下平面两根主材一圈后再拉至横担非挂线侧拴牢。缠绕的钢丝绳应不妨碍挂线操作。

（4）临时拉线的下端可串紧线器，以便随时收紧或放松拉线。临时拉线锚固用角铁桩或地锚，视地质条件及紧线张力选择确定。一般情况下，LGJ-150 型及以下导线用双联或三联角铁桩，LGJ-185 型及以上规格导线应使用地锚。

（5）紧线前必须对导线进行全段检查，确保导线接头都已压接且损伤处均按规范要求作了处理。检查交叉跨越档的跨越架是否牢固，弧垂观测档应作好弧垂观测的工作。布置护线人员并明确联络信号。

（七）画印紧线

（1）挂线前按设计图纸规定的绝缘子串及金具进行组装并带张力测出耐张绝缘子串及金具连接后的实际长度，导线耐张绝缘子串长度的测量进行高空划印，并制作耐张线夹，复核导线弛度符合要求。

（2）挂导线操作。

（3）固定直线杆导线，按照规范固定。

三、导线架设设计规范要求

（1）配电线路的档距，宜采用表 3-6-2 所列数值。耐张段的长度不应大于 1km。

表 3-6-2　　配电线路的档距　　单位：m

地段＼电压	1～10kV	1kV 以下
城镇	40～50	40～50
空旷	60～100	40～60

注　1kV 以下线路当采用集束型绝缘导线时，档距不宜大于 30m。

（2）沿建（构）筑物架设的 1kV 以下配电线路应采用绝缘线，导线支持点之间的距离不宜大于 15m。

（3）配电线路导线的线间距离，应结合地区运行经验确定。如无可靠资料，导线的线间距离不应小于表 3-6-3 所列数值。

表 3-6-3　　配电线路导线最小线间距离　　单位：m

线路电压＼档距	40 及以下	50	60	70	80	90	100
1～10kV	0.6（0.4）	0.65（0.5）	0.7	0.75	0.85	0.9	1.0
1kV 以下	0.3（0.3）	0.4（0.4）	0.45	—	—	—	—

注　括号内为绝缘导线数值。1kV 以下配电线路靠近电杆两侧导线间水平距离不应小于 0.5m。

（4）同电压等级同杆架设的双回线路或 1～10kV、1kV 以下同杆架设的线路、横担间的垂直距离不应小于表 3-6-4 所列数值。

表 3-6-4　　同杆架设线路横担之间的最小垂直距离　　单位：m

电压类型＼杆型	直　线　杆	分支和转角杆
10kV 与 10kV	0.8	0.45/0.60（注）
10kV 与 1kV 以下	1.2	1.00
1kV 以下与 1kV 以下	0.6	0.3

注　转角或分支线如为单回线，则分支杆横担距主干线横担为 0.6m；如为双回线，则分支线横担距上排主干线横担为 0.45m，距下排主干线横担为 0.6m。

（5）同电压等级同杆架设的双回绝缘线路或 1～10kV、1kV 以下同杆架设的绝缘线路、横担间的垂直距离不应小于表 3-6-5 所列数值。

表 3-6-5　　同杆架设绝缘线路横担之间的最小垂直距离　　单位：m

电压类型＼杆型	直　线　杆	分支和转角杆
10kV 与 10kV	0.5	0.5
10kV 与 1kV 以下	1.0	—
1kV 以下与 1kV 以下	0.3	0.3

（6）10kV 线路对地、跨越距离，参见表 3-6-6。

表 3-6-6　　10kV 线路对地、跨越距离　　单位：m

区域对象＼类型	垂直距离（最大弧垂）		水平距离（最大风偏）	
	裸导线	绝缘导线	裸导线	绝缘导线
居民区	6.5	6.5	—	—

续表

区域对象＼类型	垂直距离（最大弧垂）		水平距离（最大风偏）	
	裸导线	绝缘导线	裸导线	绝缘导线
非居民区	5.5	5.5	—	—
交通困难地区	5.0	4.5	—	—
铁路	7.5	7.5	—	—
公路	7.0	7.0	—	—
建筑物	3.0	2.5	1.5	0.75
树木	1.5	0.8	2.0	1.0

（7）10kV 线路与其他电压等级线路交叉跨越距离，参见表 3-6-7。

表 3-6-7　　10kV 线路与其他电压等级线路交叉跨越距离　　单位：m

电压等级＼类型	垂直距离（最大弧垂）	水平距离（最大风偏）
500kV	8.5	13.0
500kV	4.0	7.0
35～110kV	3.0	5.0
10kV	2.0	2.5
1kV 及以下	2.0	2.5
弱电线路	2.0	2.0

注　除特殊地形外，两平行线路开阔地区的水平距离不应小于最高杆塔的高度。

四、危险点分析及预控措施

导线更换及架设危险点分析及预控措施见表 3-6-8。

表 3-6-8　　导线更换及架设危险点分析及预控措施

序号	危　险　点	预　控　措　施
1	承线支架或工器具残缺，导、地线盘与承重支架不匹配，转动不灵活	（1）支架安放要平稳、牢固，工器具应完整可靠； （2）千斤顶的起重能力应大于荷重的 2 倍，严禁在带负荷的情况下突然卸压下降； （3）导、地线盘应与承重支架匹配，放线盘应转动灵活； （4）放线盘应设专人看管
2	牵引机具及转角滑轮的桩锚不牢固	（1）牵引机具及转角滑轮的桩锚应牢固可靠，使用闭环式滑轮，并设专人看管； （2）导引绳、牵引绳的安全系数不得少于 3 倍

续表

序号	危　险　点	预　控　措　施
3	线盘没有设专人看管，线盘没有制动措施	（1）线盘应设专人看管； （2）导、地线应从上方牵出； （3）线盘放置应平稳可靠； （4）线盘应转动灵活，制动可靠
4	牵引机放置不平稳，受力前方有人通过或逗留	（1）牵引机放置应平稳，锚固必须可靠； （2）受力前方不得有人通过或逗留； （3）牵引机应有防滑动措施； （4）不能在线盘下面或旁边休息
5	在感应电压较高的地段展放导、地线时，牵引机具没有临时接地措施	（1）在感应电压较高的地段展放时，导、地线及牵引机具应挂临时接地线； （2）接地棒埋深不得少于 0.6m
6	牵引设备操作人员没有持证上岗	牵引设备操作人员应持上岗证
7	牵引绳或线尾盘绕圈数少于 6 圈	（1）牵引绳或线尾排列应整齐，缠绕不得少于 6 圈； （2）旋转连接器严禁直接进入牵引轮或卷筒； （3）要由有经验的人拉牵引绳或线尾，不得站在绳圈内； （4）牵引机受力前方不得有人通过或逗留
8	导、地线展放信号不明确，通信联络不畅通	导、地线展放期间信号必须迅速、清晰，通信联络必须保持畅通
9	在没有采取足够的安全措施时，三相导、地线同时展放	在没有采取足够的安全措施时，三相导、地线不得同时展放
10	导、地线被卡挂时，人员用手推、拉或站在导、地线的下方或内角侧	（1）导、地线被卡挂时，应停止展放，施工人员应使用工具处理，严禁用手推拉导、地线； （2）严禁跨越展放中的导、地线或站在导、地线的垂直下方或内角侧
11	牵引绳与导、地线连接不牢固	（1）牵引绳与导、地线连接应用旋转连接器及连接网套； （2）牵引绳与导、地线连接要可靠，连接口应缠胶布
12	带张力剪断导、地线	（1）严禁带张力剪断导、地线； （2）导、地线剪切时线头应扎牢，并防止线头回弹伤人
13	在石棉瓦或星铁瓦棚架上站立或行走	不能在石棉瓦或星铁瓦棚架上站立或行走，确有需要时应加垫补强
14	跨越设施没有设专人看管	（1）跨越架、路口派专人看管； （2）施工人员要穿反光衣并应协助疏导交通； （3）跨越棚架应设安全警示标志
15	导、地线与滑轮线径不匹配，滑轮无关门保险	（1）杆（塔）使用的滑轮应与导、地线相匹配，滑轮直径比导线直径不少于 10 倍，并设专人看管； （2）重要跨越应设双重保护，滑轮要有关门保险

续表

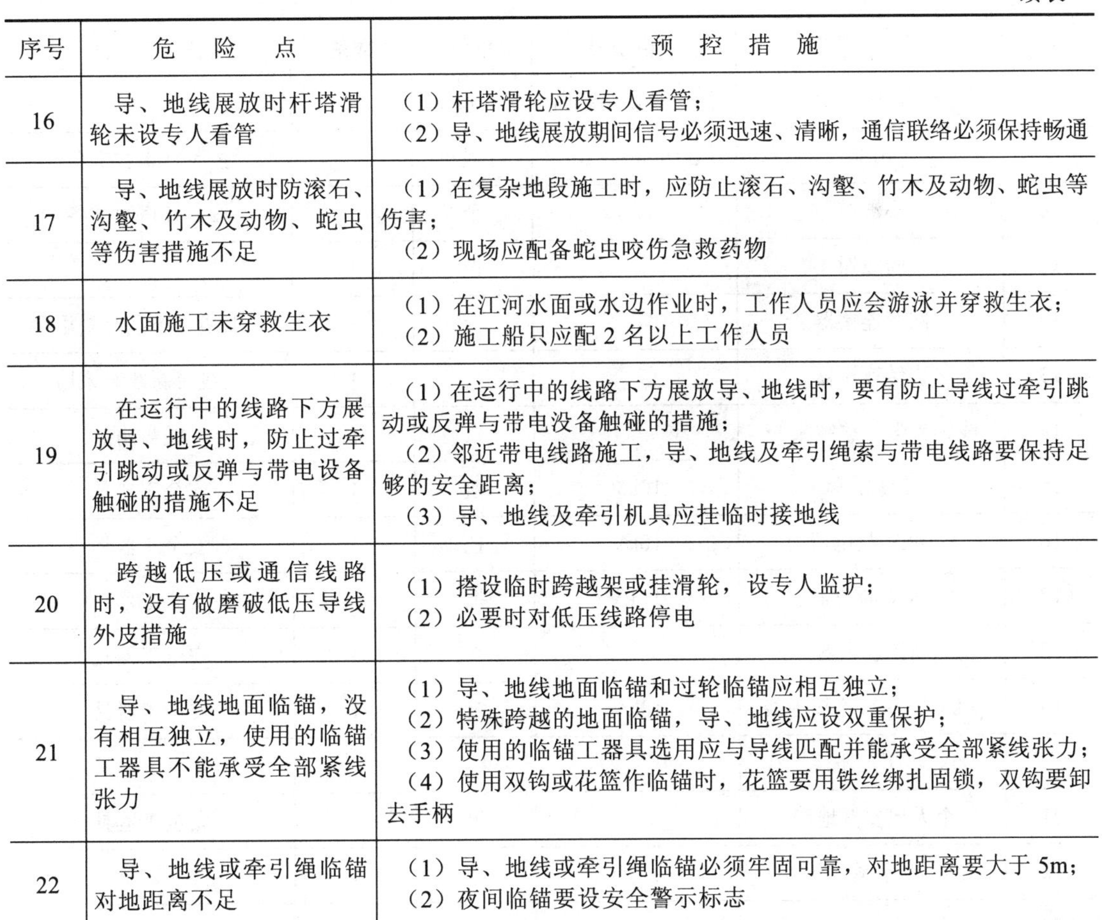

序号	危　险　点	预　控　措　施
16	导、地线展放时杆塔滑轮未设专人看管	（1）杆塔滑轮应设专人看管； （2）导、地线展放期间信号必须迅速、清晰，通信联络必须保持畅通
17	导、地线展放时防滚石、沟壑、竹木及动物、蛇虫等伤害措施不足	（1）在复杂地段施工时，应防止滚石、沟壑、竹木及动物、蛇虫等伤害； （2）现场应配备蛇虫咬伤急救药物
18	水面施工未穿救生衣	（1）在江河水面或水边作业时，工作人员应会游泳并穿救生衣； （2）施工船只应配 2 名以上工作人员
19	在运行中的线路下方展放导、地线时，防止过牵引跳动或反弹与带电设备触碰的措施不足	（1）在运行中的线路下方展放导、地线时，要有防止导线过牵引跳动或反弹与带电没备触碰的措施； （2）邻近带电线路施工，导、地线及牵引绳索与带电线路要保持足够的安全距离； （3）导、地线及牵引机具应挂临时接地线
20	跨越低压或通信线路时，没有做磨破低压导线外皮措施	（1）搭设临时跨越架或挂滑轮，设专人监护； （2）必要时对低压线路停电
21	导、地线地面临锚，没有相互独立，使用的临锚工器具不能承受全部紧线张力	（1）导、地线地面临锚和过轮临锚应相互独立； （2）特殊跨越的地面临锚，导、地线应设双重保护； （3）使用的临锚工器具选用应与导线匹配并能承受全部紧线张力； （4）使用双钩或花篮作临锚时，花篮要用铁丝绑扎固锁，双钩要卸去手柄
22	导、地线或牵引绳临锚对地距离不足	（1）导、地线或牵引绳临锚必须牢固可靠，对地距离要大于 5m； （2）夜间临锚要设安全警示标志

五、工器具表（见表 3-6-9）

表 3-6-9　　**主 要 工 器 具 表**

序号	名　　称	规格型号	单位	数量	备　　注
1	机动绞磨	3t	台	1	采用绞磨紧线时采用
2	绞磨绳	ϕ20mm×50m	条	1	采用绞磨紧线时采用
3	起重滑车单开口	根据张力选择	个	1	挂线用
4	放线滑车（铝）（朝天滑车）	1t	个		按直线杆数量选用
5	钢绳扣	ϕ10mm	根		按照现场情况准备
6	卸扣		个		按照现场情况准备
7	手扳葫芦	1～3t	套	1	放紧线

续表

序号	名　称	规格型号	单位	数量	备　注
8	铝导线卡线器	按导线规格配备	个	1	
9	吊绳	ϕ16mm×22m	根		按照杆塔数准备
10	小滑车	0.5t	个		按照杆塔数准备
11	断线钳		把	1	
12	网套连接器		套	1	旧线带新线时采用
13	旋转连接器		只	1	旧线带新线时采用
14	线轴支架（放线架）		只	1	线盘用
15	绝缘手套	10kV	双	1	安全工器具
16	10kV 验电器	10kV	把	1	安全工器具
17	400V 验电器	0.4kV	把		安全工器具
18	高压发生器		个	1	安全工器具
19	10kV 三相短路接地线	10kV	组	1	安全工器具
20	400V 四相短路接地线	0.4kV	组		安全工器具
21	个人保安接地线		组		安全工器具
22	手锤	0.5kg	把	1	
23	安全帽		顶		个人工具
24	全身式安全带		副		个人工具
25	活动脚扣（或登高板）		副		个人工具
26	工具包		个		个人工具
27	活动扳手		把		个人工具
28	钢丝钳		把		个人工具
29	拔销钳		把		个人工具
30	钢卷尺	2m	把		个人工具
31	记号笔		支		个人工具
32	钢丝绳	ϕ18mm×30m	条	1/组	临时拉线
33	铁桩	ϕ50mm×1.5m	根	1～3/组	临时拉线
34	铁锤	8 磅	把	1	临时拉线
35	钢线卡子		个	3/组	临时拉线

续表

序号	名　　称	规格型号	单位	数量	备　　注
36	铁卡线器		个	1	临时拉线
37	卸扣		个	3/组	临时拉线
38	紧线器		把	1/组	临时拉线
39	急救药箱		个	1	其他
40	对讲机		台		其他
41	施工警示牌		块		其他，视现场情况准备
42	安全围栏				其他，视现场情况准备

参 考 文 献

[1] 中国南方电网有限责任公司. Q/CSG 510001—2015《中国南方电网有限责任公司电力安全工作规程》. 北京：中国电力出版社，2015.

[2] 中国南方电网有限责任公司. 中国南方电网有限责任公司企业标准中低压配电运行管理标准. 北京：中国电力出版社，2009.

[3] 中国南方电网有限责任公司. 中国南方电网公司城市配电网技术导则. 北京：中国广播影视出版社，2006.

[4] 刘才介. 实用供配电技术手册. 北京：中国水利水电出版社，2002.

[5] 邵玉槐. 电力系统继电保护原理. 北京：中国电力出版社，2015.

[6] 中国南方电网有限责任公司. 中国南方电网有限责任公司电网建设施工作业指导书. 北京：中国电力出版社，2011.

[7] 董吉谔. 电力金具手册. 第三版. 北京：中国电力出版社，2010.

[8] 张剑. 线路基本工艺实训. 北京：中国电力出版社，2012.